YOUGUAN HUOZAI KONGZHI JISHU
JI ANLI FENXI

油罐火灾
控制技术及案例分析

李玉　李伟东　张晓明　编著

化学工业出版社
·北京·

内容简介

本书首先介绍了油品的理化性质、油罐的分类以及油罐的附件等基础知识；然后从石油储罐安全防护系统的消防设施切入，阐述了不同储罐所需要采用的固定灭火设施和移动灭火装备；其次通过总结经验教训，研究灭火扑救规律，提出了一系列行之有效的灭火作战行动的基本原则和方法；最后分析了我国近年来发生的典型油罐爆炸事故案例。

《油罐火灾控制技术及案例分析》既有理论的总结，又有对实践的指导，具有很强的理论价值和应用价值，能够有效辅助指挥员进行油罐火灾的扑救。本书可作为高等院校相关专业课和选修课的教材，也可作为消防救援队伍和应急救援力量的培训教材。

图书在版编目（CIP）数据

油罐火灾控制技术及案例分析/李玉，李伟东，张晓明
编著. —北京：化学工业出版社，2021.2
ISBN 978-7-122-38134-7

Ⅰ.①油⋯　Ⅱ.①李⋯②李⋯③张⋯　Ⅲ.①油罐-火
灾-灭火-案例　Ⅳ.①TE972②X928.7

中国版本图书馆 CIP 数据核字（2020）第 243435 号

责任编辑：张双进　　　　　　　　　　文字编辑：陈小滔　刘　璐
责任校对：宋　玮　　　　　　　　　　装帧设计：王晓宇

出版发行：化学工业出版社（北京市东城区青年湖南街 13 号　邮政编码 100011）
印　　装：三河市延风印装有限公司
710mm×1000mm　1/16　印张 7½　字数 137 千字　2021 年 3 月北京第 1 版第 1 次印刷

购书咨询：010-64518888　　　　　　售后服务：010-64518899
网　　址：http://www.cip.com.cn
凡购买本书，如有缺损质量问题，本社销售中心负责调换。

定　　价：59.00 元

随着国家工业经济建设的快速发展，对石油等能源的需求量激增，我国每年消耗原油超过 5 亿吨。为防范石油供给风险，确保国家能源安全，自 2003 年以来，国家实施了能源安全保障体系建设工程，大量兴建战略石油储备库，容量超过 10 万立方米的超大型石油储罐迅速增多。与普通油罐相比，超大型油罐的油品储量多，一旦失控，燃烧规模大、处置难度高，容易造成从油罐到地面的立体火灾，不仅会造成巨大的经济损失，还会造成严重的环境污染和恶劣的社会影响，甚至威胁国家能源战略安全。

消防设施是石油储罐安全防护系统的重要组成部分，是贯彻"预防为主，防消结合"的重要手段，是防患于未然，扑灭初起火灾、防止火势扩大蔓延的必备条件。在灭火战斗实践中，人们通过不断地总结经验教训，研究灭火扑救规律，逐步形成了一系列行之有效的灭火作战行动的基本原则和方法。它是指导和实施灭火战斗行动的准则，也是灭火组织指挥必须依据的主要理论。《油罐火灾控制技术及案例分析》主要分为概述、石油储罐火灾灭火装备、石油储罐火灾控制技术以及石油储罐典型火灾案例等内容。

参与本书撰写的人员有：中国石油大学（北京）博士后、中国人民警察大学李玉副教授（编写第一章、第二章第六节、第四章案例 1 和案例 2），中国人民警察大学李伟东讲师（编写第三章、第二章第五节、第四章案例 3 和案例 4），中国人民警察大学张晓明讲师（编写第二章第一节～第四节、第四章案例 5）。

中国人民警察大学灭火救援技术公安部重点实验室及有关省市消防救援总队的领导和专家对本书的编撰工作给予了大力支持和帮助。在此，谨向所有帮助过我们的领导、专家和同行表示衷心的感谢。

随着火灾形势的发展、消防救援队伍灭火救援职能的拓展和高新灭火装备技术的应用，火灾的类型与特点、灭火技术手段与战术方法、灭火指挥的模式必将会有新的变化，加之作者水平有限，书中难免存有一些不足之处，敬请广大读者批评指正，以臻完善。

编　者

2020 年 6 月于中国人民警察大学

目录 —— Contents

第一章　概　述

石油是现代工业社会发展不可或缺的原料，自 1993 年起，中国成为石油净进口国，2003 年成为全球第二大石油进口国，2015 年成为全球第一大石油进口国。为维护国家石油安全，建立自己的石油储备制度，逐步发展和完善符合中国国情的石油战略储备体系。但在储备石油的同时，也带来了潜在的威胁。通过对国内外石油库区火灾进行统计，近 40 年来，石油库火灾多达 200 多起，其中我国的黄岛油库火灾造成十余人死亡，大连先后发生三起油库火灾，事故造成巨大的经济损失，石油类火灾的严重危害给当今灭火救援工作带来了严峻的挑战。

第一节
引言

能源是人类社会和经济发展的基本需求之一，20 世纪 70 年代开始，人们进入了以石油为主要能源的时代，石油成为重要能源、化工原料和战略物资。目前，石油在世界能源消费结构中已占 40％左右，居于主导地位。

石油炼制工业为全球经济的高速发展做出了巨大的贡献，同时人类物质文明、精神文明进程的需要也极大地推动了石油炼制技术不断创新，达到了空前的现代化水平，形成了跨学科的、相对成熟和完整的科学技术体系。目前石油炼制工业中的主要工艺过程包括常减压蒸馏、催化裂化、加氢裂化、加氢精制等，世界炼油技术正处于平稳发展阶段。

石油是世界上最重要的一次能源和化学工业品原料，我国原油对外依存度不断提高，意味着社会生产和能源安全的形势将更为严峻。鉴于我国对国际石油的依存度不断提高，为了国家石油安全，保证国民经济的稳定运行，国家有关部门在进行专题研究的基础上提出了建立国家战略石油储备制度，逐步发展和完善符合中国国情的石油战略储备体系。2007 年 12 月，国家发改委宣布，中国国家石油储备中心正式成立，旨在加强中国战略石油储备建设，健全石油储备管理体系，计划用 15 年时间，分 3 期完成石油储备基地的建设。由政府投资的中国首期 4 个战略石油储备基地分别位于浙江舟山和镇海、辽宁大连及山东黄岛，已于 2008 年全面投用。4 个基地的储备总量为 1640 万立方米，相当于我国 10 余天原油进口量，加上国内已有的 21 天进口量的商用石油储备能力，我国总的石油储备能力可达到 30 多天原油进口量。石油储备基地一期项目主要集中于东部沿海城市，而在二期规划中，内陆地区将扮演重要角色。

能源需求增长与能源供应不足的矛盾日益严重，市场缺口不断加大。国内石油及其产品的供应已经由"自给自足"逐步转变为对国外石油资源的进口，且进口比例逐年增加。我国从 1993 年由石油净出口国变为原油净进口国，2012 年我国原油进口量 2.71 亿吨，成品油进口量 3982 万吨。2013—2018 年中国原油进口量温和增长，共增加 17995 万吨，增长 63.82％。2018 年加工量为 6.03 亿吨，同比增长 6.7％，成品油产量 3.6 亿吨，增长 3.6％；成品油净出口量再创新高，达到 4608 万吨，与上年相比增长 12.8％。2019 年 1~2 月中国原油进口量为 8182.5 万吨，同比增长 12.4％。根据中国石油集团经济技术研究院发布的《2019 年国内外油气行业发展报告》，2019 年，中国原油进口量首次突破 5 亿吨大关，原油和石油对外依存度双破 70％。伴随原油进口量的增加，越来越多炼化基地也快速发展。"蓝皮书"透露，以石化项目的规划为例，中国现有炼油能力为 8.5 亿吨。

随着石油工业的蓬勃发展，石油化工技术主要表现为大型化、综合化，即储罐容量的增大、多种储存方式的出现，因此储罐的安全性也显得日益严重起来。超大型油罐如图 1-1 所示。石油储备库一般采用 10 万立方米或 15 万立方米的浮顶油罐，其直径分别达到了 80m 和 100m。

图 1-1　超大型油罐

石油储罐中储存的石油及其产品具有易燃、易爆、易蒸发等特点，发生火灾、爆炸的概率高，发生火灾的后果十分严重，倘若扑救不及时，很容易危及到罐区内其他临近储罐，造成重大的人员伤亡和财产损失。油罐火灾类型大致如图 1-2 所示。

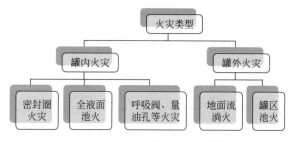

图 1-2　油罐火灾类型

在以上几种火灾类型中，最为危险的是罐区池火这种情况，当形成罐区池火时，整个罐区内火海一片，火焰直接包围并威胁同一防火堤内的其他相邻未燃储罐，一旦灭火救援人员扑救不及时，油罐在长时间烘烤下，可能会产生不可估计的严重后果。近几年发生了几起油罐烧塌案例，如表 1-1 所示。

表 1-1　油罐烧塌案例

时间	地点	事态
1989 年 8 月 12 日	山东青岛	黄岛油库发生特大火灾爆炸事故,原油泄漏进入 30 万立方米的储罐区,烈焰和浓烟烧黑 3 号罐壁,2 号罐壁钢板被烧变形
2010 年 7 月 16 日	辽宁大连	新港输油管道爆炸,引发原油泄漏,三号油罐被烧塌陷
2015 年 4 月 6 日	福建漳州	古雷的腾龙芳烃有限公司二甲苯装置发生爆炸着火重大事故,罐体裂缝漏油出现流淌火,储油罐被烧塌
2016 年 4 月 22 日	江苏泰州	靖江德桥仓储有限公司发生火灾,管线烧穿,引发地面流淌火,2 个储油罐被烧塌

以上种种案例表明，石油罐区池火灾事故一旦发生，火势发展迅猛，火焰直接威胁罐区油罐。罐壁在火焰烘烤下承受能力有限，当超过承受极限值时，钢材软化，油罐发生变形甚至坍塌，导致内部油品外泄，造成二次灾害，火灾扑救变得更加困难。所以，罐区火灾防治已经成为石化行业的热点及难点问题。

第二节
油品的分类和理化性质

石油产品指石油炼制工业中由原油经过一系列石油炼制过程和石油产品精制而得到的各种产品，通常按其主要用途分为两大类：一类为燃料，如汽油、煤油、柴油、喷气燃料、燃料油等；另一类为原材料，如润滑油、润滑脂、石油蜡、石油沥青以及石油化工原料等。常见的石油及其产品包括原油、汽油、柴油等。

油品的种类很多，按照油品蒸馏沸点、油品用途、火灾危险性和油品密度可分为四类。

一、按油品蒸馏沸点

1. 原油

原油是一种成分十分复杂的混合物，其化学成分主要是碳元素和氢元素组成的多种烃类化合物，原油中碳元素质量分数为 83%～87%，氢元素质量分数为 11%～14%。由碳元素和氢元素组成的化合物称为烃，按其结构的不同，大致可分为烷烃、环烷烃和芳香烃 3 类。除碳元素、氢元素外，原油中还含硫、氧、氮、磷、钒等杂质元素。原油可溶于多种有机溶剂，不溶于水，但可与水形成乳状液。

黏度是衡量原油品质的指标之一，原油黏度是指原油在流动时所引起的内部摩擦阻力。原油黏度变化较大，一般为 1～100mPa·s，黏度大的原油俗称稠油，稠油由于流动性差而开采难度较大。

原油冷却到由液体变为固体时的温度称为凝固点。原油的凝固点为 −50～35℃。凝固点的高低与其中的组分含量有关：轻质组分含量高，凝固点低；重质组分含量高，尤其是石蜡含量高，凝固点高。

胶质是指原油中分子量（300～1000）较大的、含有氧、氮、硫等元素的多环性芳香化合物，呈半固态分散状溶解于原油中。原油的含胶量是指原油中所含胶质的百分数。原油的含胶量一般为 5%～20%。

原油经过炼制后的石油产品主要有溶剂、化工原料、汽油和柴油等发动机燃油、润滑油、石蜡、石油焦、沥青等，其中作为发动机燃油的汽油和柴油占石油产品的 70%～80%。

2. 汽油

汽油为透明可燃液体，主要成分为含有 5～10 个碳原子的脂肪烃和环烃类，并含少量芳香烃和硫化物。汽油具有较高的辛烷值（抗爆震燃烧性能），按辛烷值的高低可分为 89 号、92 号、95 号等牌号。现代的汽油生产主要是通过催化裂化、加氢裂化、催化重整、重油快速热解等工艺实现的。

汽油的馏程为 30～220℃，密度为 0.70～0.78g/cm³。汽油高度易燃，其闪点一般低于 −20℃。汽油挥发后的蒸气比空气的相对密度大，可沿地面流动。汽油蒸气与空气混合后容易形成爆炸性混合物，其爆炸极限为 1.3%～7.1%，自燃点约为 450℃。汽油的热值约为 44000kJ/kg。

3. 柴油

柴油是石油提炼后的另外一种主要油品，由不同的烃类化合物混合组成，主要成分是含 10～22 个碳原子的环烷烃、烯烃和芳香烃。它的化学和物理特性介于汽油和重油之间，易燃，易挥发，不溶于水，易溶于醇和其他有机溶剂。沸点为 170～365℃，密度为 820～845kg/m^3。柴油分为轻柴油和重柴油两大类，广泛用于大型车辆、铁路机车、船舰等。柴油也较易燃，其闪点为 4570℃，自燃点为 220～260℃。可分为轻柴油（沸点范围为 180～370℃）和重柴油（沸点范围为 350～410℃）两大类。通常国标柴油的密度范围为 0.83～0.855g/cm^3，不同型号的柴油的密度不同。

柴油主要由原油蒸馏、催化裂化、热裂化、加氢裂化、石油焦化等过程生产的柴油馏分和柴油添加剂调配而成。柴油添加剂主要有流动改进剂、十六烷值改进剂、清净分散剂、多效添加剂、助燃剂等。

4. 煤油

煤油纯品为无色透明液体，含有杂质时呈淡黄色。煤油是碳原子数为 11～17 的高沸点烃类混合物，主要成分是饱和烃类，还含有不饱和烃和芳香烃，沸程为 180～310℃，不溶于水，易溶于醇和其他有机溶剂，易挥发，易燃，密度为 0.8g/cm^3。

5. 重油

重油是原油经分馏提取汽油、煤油、柴油后剩下的残余物。有时将此残余物进一步减压蒸馏提取润滑油后剩余的油品也称为重油。重油中的可燃成分较多，含碳 86%～89%，含氢 10%～12%。重油呈暗黑色液体，其特点是分子量大、黏度高。重油的密度一般在 0.82～0.95g/cm^3，发热量很高，其成分主要是烃类化合物，另外还含有部分的硫黄及微量的无机化合物。

6. 渣油

渣油黑色黏稠，常温下呈半固体状。在石油炼厂中，渣油常用于加工制取石油焦、残渣润滑油、石油沥青等产品，或作为裂化原料。

二、按油品的用途

GB/T 498—2014《石油产品及润滑剂分类方法和类别的确定》将我国石油产品分为 6 大类。

1. 燃料油

包括汽油、柴油、喷气燃料（航空煤油）、灯用煤油、燃料油等。我国的石油产品中燃料约占 80%，而其中约 60% 用于各种发动机燃料。燃料油一般是指原油经蒸馏或裂化后留下的黑色黏稠残余物，或它与较轻组分的掺和物，其特点是黏度大，含非烃化合物、胶质、沥青质多。

对于高黏度的燃料油，一般需经预热，使黏度降至一定水平，然后进入燃烧器以使其在喷嘴处易于喷散雾化。我国石油化工行业标准 SH/T 0356—1996《燃料油》将燃料油分为 8 个牌号，规定了不同牌号燃料油的闪点、水和沉淀物含量、馏程、黏度、灰分、硫含量等参数。该标准中规定燃料油的闪点不低于 38℃。

2. 润滑剂

包括润滑油和润滑脂，产量约占石油产品总量的 2%，主要用于减少接触机件之间的摩擦和防止磨损，以降低能耗和延长设备寿命。

3. 石油沥青

用于道路、建筑及防水等，其产量约占石油产品总量的 3%。

4. 石油蜡

石油蜡是石油中的固态烃类，其产量约占石油产品总量的 1%，作为轻工、化工和食品等工业部门的原料。

5. 石油焦

其产量约为石油产品总量的 2%，石油焦可用以制作炼铝和炼钢用的电极等。

6. 溶剂和化工原料

大约有 10% 的石油产品用作石油化工原料和溶剂，其中包括制取乙烯的原料（轻油），以及石油芳烃和各种溶剂油。

三、按油品的火灾危险性

《建筑设计防火规范》（GB 50016—2014）规定，"储存物品的火灾危险性根据储存物品的性质和储存物品中可燃物数量等因素，分为甲、乙、丙、丁、戊类"，如表 1-2 所示。

表 1-2　储存物品的火灾危险性分类

储存物品的火灾危险性类别	储存物品的火灾危险性特征
甲	①闪点小于 28℃ 的液体 ②爆炸下限小于 10% 的气体,受到水或空气中水蒸气的作用能产生爆炸下限小于 10% 气体的固体物质 ③常温下能自行分解或在空气中氧化能导致迅速自燃或爆炸的物质 ④常温下受到水或空气中水蒸气的作用,能产生可燃气体并引起燃烧或爆炸的物质 ⑤遇酸、受热、撞击、摩擦以及遇有机物或硫黄等易燃的无机物,极易引起燃烧或爆炸的强氧化剂 ⑥受撞击、摩擦或与氧化剂、有机物接触时能引起燃烧或爆炸的物质

续表

储存物品的火灾 危险性类别	储存物品的火灾危险性特征
乙	①闪点不小于 28℃,但小于 60℃的液体 ②爆炸下限不小于 10%的气体 ③不属于甲类的氧化剂 ④不属于甲类的易燃固体 ⑤助燃气体 ⑥常温下与空气接触能缓慢氧化,积热不散引起自燃的物品
丙	①闪点不小于 60℃的液体 ②可燃固体
丁	难燃烧物品
戊	不燃烧物品

从表中可以看出,原油、汽油闪点低于 28℃,属于甲类;灯用煤油、-35号轻柴油等闪点小于 60℃,属于乙类;轻柴油、重柴油、20 号重油、润滑油、100 号重油等闪点大于等于 60℃,属于丙类。

《石油库设计规范》(GB 50074—2014)根据油品的闪点将油库储存油品分为甲、乙、丙三类。其中,乙类和丙类又分为 A 级和 B 级。油库储存油品火灾危险性分类见表 1-3。

表 1-3 石油库储存液化烃、易燃和可燃液体的火灾危险性分类

类 别		特征或液体闪点 F_t/℃
甲	A	15℃时的蒸气压大于 0.1MPa 的烃类液体及其他类似的液体
	B	甲 A 类以外,$F_t < 28$
乙	A	$28 \leqslant F_t < 45$
	B	$45 \leqslant F_t < 60$
丙	A	$60 \leqslant F_t \leqslant 120$
	B	$F_t > 120$

四、按油品的密度

按油品的密度可分为重质油品和轻质油品两大类。重质油品一般指相对密度大于 0.9 的高沸点油品,如渣油、沥青油、原油等。轻质油品一般指相对密度小于 0.9 左右的低沸点油品(沸点低于 300℃),如汽油、煤油、柴油等。

第三节

储罐的分类

储油罐是储存油品的容器，它是石油库的主要设备。油罐种类繁多，通常可以根据其形状、材质、安装位置等进行分类。储油罐按材质可分为金属油罐和非金属油罐；按所处位置可分为地下油罐、半地下油罐和地上油罐；按安装形式可为分立式、卧式和特殊形；按形状可分为圆柱形、方箱形和球形。

一、按油罐材质

按油罐的建筑材料可分为金属油罐和非金属油罐。

1. 金属油罐

金属油罐是采用钢板材料焊成的容器。普通金属油罐采用的板材是一种代号叫 Q235-AF 的平炉沸腾钢；寒冷地区采用的是 Q235-A 平炉镇静钢；对于超过 $10000m^3$ 的大容积油罐采用的是高强度的低合金钢。

2. 非金属油罐

非金属油罐的种类很多，有土油罐、砖砌油罐、石砌油罐、钢筋混凝土油罐、玻璃钢油罐、耐油橡胶油罐等。石砌油罐和砖砌油罐应用较多，常用于储存原油和重油。该类油罐最大的优点是节约钢材、耐腐蚀性好、使用年限长。非金属材料热导率小，当储存原油或轻质油品时，因罐内温度变化较小，可减少蒸发损耗，降低火灾危险性。又由于非金属罐一般都具有较大的刚度，能承受较大的外压，适宜建造地下式或半地下式油罐，有利于隐蔽和保温。但是一旦发生基础下陷，易使油罐破裂，难以修复。它的另一大缺点是渗漏，虽然使用前经过防渗处理，但防渗技术还未完全解决。

由于非金属罐能够大量节约钢材，二十世纪五六十年代曾经在我国被大力推广，用于储存原油和重油。但是由于非金属材料砌体的抗拉强度低、占地面积大、造价高且不容易清罐维护和检修，事故隐患大，现在已经逐渐被淘汰。

二、按所处位置

按油罐的安装位置，大致可分为地上油罐、半地下油罐、地下油罐三种类型。

1. 地上油罐

地上油罐指的是油罐基础高于或等于相邻区域最低标高的油罐，或油罐埋没深度小于本身高度一半的油罐。地上油罐是炼油企业常见的一类油罐，它易于建造，便于管理和维修，但蒸发损耗大，着火危险性较大。

2. 地下油罐

地下油罐指的是罐内最高油面液位低于相邻区域的最低标高 0.2m，且罐顶上覆土厚度不小于 0.5m 的油罐。这类油罐损耗低，着火的危险性小。

3. 半地下油罐

半地下油罐指的是油罐埋没深度超过罐高的一半，油罐内最高油面液位比相邻区域最低标高不高出 2m 的油罐。

三、按安装形式

按油罐的安装形式，可分为立式油罐、卧式油罐和特殊形状油罐（球形油罐、扁球形油罐、水滴形油罐）。

1. 立式油罐

立式圆柱形油罐是目前应用最为普遍的一种油罐，如图 1-3 所示。根据罐顶的结构又可分为桁架顶罐、无力矩顶罐、梁柱式顶罐、拱顶式罐、套顶罐和浮顶罐等，其中最常用的是拱顶罐和浮顶罐。拱顶罐结构比较简单，常用来储存原料油、成品油和芳烃产品。浮顶罐又分为内浮顶罐和外浮顶罐两种，罐内有浮顶浮在油面上，随着油面升降。浮顶不仅降低了油品的消耗，而且降低了发生火灾的危险性和对大气的污染。尤其是内浮顶罐，蒸发损耗较小，可以减少空气对油品的氧化，保证储存油品的质量，对消防比较有利。目前内浮顶罐在国内外被广泛用于储存易挥发的轻质油品，是一种被推广应用的储油罐。

图 1-3　立式油罐

2. 卧式油罐

卧式圆柱形油罐应用也极为广泛，如图 1-4 所示。由于它具有承受较高的正压和负压的能力，有利于降低油品的蒸发损耗，也降低了发生火灾的危险性。它可成批制造，然后运往工地安装，便于搬运和拆迁，机动性较好。缺点是容量一般较小，用的数量多，占地面积大。它适用于小型分配油库、农村油库、城市加油站、部队野战油库或企业附属油库。在大型油库中也用来作为附属油罐使用，如放空罐和计量罐等。

图 1-4　卧式油罐

3. 特殊形状油罐

特殊形状的油罐有球形（图 1-5）、水滴形油罐等。

图 1-5　球形油罐

第四节
油罐附件

油罐附件是油罐自身的重要组成部分。其作用有 4 个方面。

① 保证完成油料收发、储存作业，便于生产、经营管理。

② 保证油罐使用安全，防止和消除各类油罐事故。

③ 有利于油罐清洗和维修。

④ 能降低油品蒸发损耗。

油罐除一些通用附件外，盛装不同性质油品，用于不同结构类型的油罐，还应配置具有专门性能的附件，以满足安全与生产的特殊需要。

一、油罐一般附件

在各种油罐上，通常都装有下列一般油罐附件。

1. 扶梯

扶梯是专供操作人员上罐检尺、测温、取样、巡检而设置的。它有直梯和旋梯两种。一般来说，小型油罐用直梯，大型油罐用旋梯。

2. 人孔

人孔是供清洗和维修油罐时，操作人员进出油罐而设置的。一般立式油罐中，人孔都装在罐壁最下层圈板上，且和罐顶上方采光孔相对。人孔直径多为 600mm，孔中心距罐底为 750mm。通常 3000m³ 以下油罐设人孔 1 个，3000～5000m³ 设 1～2 个人孔，5000m³ 以上油罐则必须设 2 个人孔。

3. 透光孔

透光孔又称采光孔，是供油罐清洗或维修时采光和通风所设。它通常设置在进出油管上方的罐顶上，直径一般为 500mm，外缘距罐壁 800～1000mm，设置数量与人孔相同。

4. 量油孔

量油孔是为检尺、测温、取样所设，安装在罐顶平台附近。每个油罐只装一个量油孔，它的直径为 150mm，与罐壁距离多在 1m。

5. 脱水管

脱水管亦称放水管，它是专门为排除罐内水杂质和清除罐底污油残渣而设的。放水管在罐外一侧装有阀门，为防止脱水阀不严或损坏，通常安装两道阀门。冬天还应做好脱水阀门的保温，以防冻凝或阀门冻裂。

6. 消防泡沫室

消防泡沫室又称泡沫发生器，是固定于油罐上的灭火装置。泡沫发生器一端和泡沫管线相连，一端带有法兰焊在罐壁最上一层圈板上。灭火泡沫在流经消防泡沫室空气吸入口时，吸入大量空气形成泡沫，并冲破隔离玻璃进入罐内（玻璃厚度不大于 2mm），从而达到灭火目的。

7. 接地线

接地线是消除油罐静电的装置。

二、轻质油专用附件

轻质油（包括汽油、煤油、柴油等）属黏度小、质量轻、易挥发的油品，盛装这类油品的油罐，都装有符合它们特性并满足生产和安全需要的各种油罐专用附件。

1. 呼吸阀

油罐呼吸阀是保证油罐安全使用，减少油品损耗的一种重要设备。

2. 液压安全阀

液压安全阀是为提高油罐更大安全使用性能的又一重要设备，它的工作压力比机械呼吸阀高 $5\% \sim 10\%$。正常情况下，它是不动的，当机械呼吸阀因阀盘锈蚀或卡住而发生故障或油罐收付作业异常而出现罐内超压或真空度过大时，它将起到油罐安全密封和防止油罐损坏作用。

3. 阻火器

阻火器又称油罐防火器，是油罐的防火安全设施，它装在机械呼吸阀或液压安全阀下面，内部装有许多铜、铝或其他高热容金属制成的丝网或皱纹板。当外来火焰或火星通过呼吸阀进入阻火器时，金属网或皱纹板能迅速吸收燃烧物质的热量，使火焰或火星熄灭，从而防止油罐着火。

4. 喷淋冷却装置

喷淋冷却装置是为降低罐内油温，减少油罐大小呼吸损失而安装的节能设施。

三、内浮顶油罐专用附件

内浮顶油罐和一般拱顶油罐相比，结构不同，根据使用性能要求，其装有独特的各种专用附件。

1. 通气孔

内浮顶油罐由于内浮盘盖住了油面，油气空间基本消除，因此蒸发损耗很少，所以罐顶上不设机械呼吸阀和安全阀。但在实用中，浮顶环形间隙或其他附件接合部位，仍然难免有油气泄漏之处，为防止油气积聚达到危险程度，在油罐顶和罐壁上都开有通气孔。

2. 静电导出装置

内浮顶油罐在进出油作业过程中，浮盘上积聚了大量静电荷，由于浮盘和罐壁间多用绝缘物作密封材料，所以浮盘上积聚的静电荷不可能通过罐壁导走。为了导走这部分静电荷，在浮盘和罐顶之间安装了静电导出线。一般为2根软铜裸绞线，上端和采光孔相连，下端压在浮盘的盖板压条上。

3. 防转钢绳

为了防止油罐壁变形，浮盘转动影响平稳升降，在内浮顶罐的罐顶和罐底之间垂直地张紧两条不锈钢缆绳，两根钢绳在浮顶直径两端对称布置。浮顶在钢绳限制下，只能垂直升降，因而防止了浮盘转动。

4. 自动通气阀

自动通气阀设在浮盘中部位置，它是为保护浮盘处于支撑位置时，油罐进出油料时能正常呼吸，防止浮盘以下部分出现抽空或憋压而设。

5. 浮盘支柱

内浮顶油罐使用一段时间后，浮顶需要检修，油罐需清洗，这时浮顶就需降到距罐底一定高度，由浮盘上若干支柱来支撑。

6. 扩散管

扩散管在油罐内与进口管相接，管径为进口管的2倍，并在两侧均匀钻有许多直径2mm的小孔。它起到油罐收油时降低流速，保护浮盘支柱的作用。

第二章　石油储罐火灾灭火装备

储罐是收发和储存原油、汽油、煤油、柴油、喷气燃料、溶剂油、润滑油和重油等正装、散装可燃液体的设备。储罐的结构发展多年，已由最早的固定顶罐，发展到现在的外浮顶、内浮顶、液化烃和低温储罐等。针对不同储罐需要采用不同的固定灭火设施和移动灭火装备，本章主要介绍石化火灾常用泡沫灭火剂、灭火剂喷射装备、消防员防护装备、呼吸保护装备和灭火主战车辆。

第一节
泡沫灭火剂

凡是能够有效地破坏燃烧条件，终止燃烧的物质，统称为灭火剂。灭火剂的种类很多，其中常用的有水、泡沫、干粉和二氧化碳等。其中，泡沫灭火剂是石化储罐火灾中最常用的灭火剂。

一、概述

1. 定义

凡是能够与水混溶，并可通过机械方法产生泡沫的灭火剂，称为泡沫灭火剂，又称泡沫液或泡沫浓缩液。目前执行国家标准 GB 15308—2006《泡沫灭火剂》和 GB 27897—2011《A 类泡沫灭火剂》。

2. 分类

按发泡倍数不同，泡沫灭火剂可分为低倍泡沫灭火剂、中倍泡沫灭火剂和高倍泡沫灭火剂。低倍泡沫灭火剂的发泡倍数一般为 1～20，中倍泡沫灭火剂的发泡倍数一般为 21～200，高倍泡沫灭火剂的发泡倍数在 200 以上。

根据基质不同，泡沫灭火剂可分为蛋白型和合成型两大类，具体分类如表2-1 所示。

表 2-1 泡沫灭火剂按基质分类

蛋白型	普通蛋白泡沫灭火剂(P)
	氟蛋白泡沫灭火剂(FP)
	抗溶性氟蛋白泡沫灭火剂(FP/AR)
	成膜氟蛋白泡沫灭火剂(FFFP)
	抗溶性成膜氟蛋白泡沫灭火剂(FFFP/AR)
合成型	普通合成泡沫灭火剂(S)
	合成型抗溶性泡沫灭火剂(S/AR)
	水成膜泡沫灭火剂(AFFF)
	抗溶性水成膜泡沫灭火剂(AFFF/AR)
	A 类泡沫灭火剂
	高、中、低倍通用泡沫灭火剂

3. 基本组成

泡沫灭火剂一般由水、发泡剂、泡沫稳定剂、助溶剂及其他添加剂组成。

(1) 发泡剂

发泡剂是泡沫灭火剂的基本组成部分,其作用就是通过降低水的表面张力,使泡沫灭火剂的水溶液容易发泡。

(2) 泡沫稳定剂

表面活性剂的水溶液生成泡沫,但是泡沫具有恢复原状、降低自由能的趋势,因此由单一表面活性剂水溶液产生的泡沫很不稳定,很快就会破裂、消失,而达不到覆盖灭火的目的,为此需要在溶液中添加泡沫稳定剂,使产生的泡沫能够稳定存在,在较长时间内不会消失。

(3) 助溶剂

表面活性剂的水溶性随温度的变化而显著变化,而泡沫灭火剂的使用温度变化范围又较宽(如普通泡沫灭火剂的使用温度一般为-10～40℃),要使表面活性剂及其他有机添加剂在此温度范围内都能溶解,则需要添加助溶剂。

(4) 其他添加剂

无论是蛋白型还是合成型泡沫灭火剂,都有一定腐蚀性,在泡沫液中加入一些抗蚀剂可以缓解泡沫液对容器的腐蚀。为了防止泡沫液储存中表面活性剂与其他有机添加剂被细菌分解而发生生物降解,泡沫液中还需要加入防腐剂。为了增加泡沫液的抗冻性能,还会添加抗冻剂。

4. 灭火机理

泡沫灭火剂的灭火机理可以归纳为以下几方面。

（1）隔离作用

由于泡沫中充填大量气体，其密度仅为水密度的 0.1%～2%，可漂浮于液体的表面或附着于一般可燃固体表面，形成一个泡沫覆盖层，使燃烧物表面与空气隔绝。

（2）封闭作用

泡沫覆盖在燃料表面，既可阻止燃烧物的蒸发或热解挥发，又可遮断火焰对燃烧物的热辐射，使可燃气体难以进入燃烧区。

（3）冷却作用

泡沫析出的水和其他液体对燃烧表面有冷却作用。

（4）稀释作用

泡沫受热蒸发产生的水蒸气有稀释燃烧区氧气浓度的作用。

5. 主要技术性能指标

衡量泡沫灭火剂性能的技术指标主要有抗冻结、融化性、pH 值、比流动性、发泡倍数、25%（50%）析液时间、灭火时间和抗烧时间等。泡沫灭火剂的主要技术性能指标的测试应严格执行国家标准 GB 15308—2006《泡沫灭火剂》，并应符合 GB/T 27897—2011《A 类泡沫灭火剂》的要求。

（1）抗冻结、融化性

抗冻结、融化性是衡量泡沫液稳定性的一个参数。测定方法如下：将冷冻室温度调到样品凝固点以下 10℃±1℃，把样品装入塑料或玻璃容器，密封放入冷冻室，保持 24h 后取出，在 20℃±5℃ 的室温下放置 24～96h。再重复三次，进行四个冻结、融化周期处理。观察样品有无分层和非均相现象。若泡沫液无分层和非均相现象，则为合格。

（2）pH 值

pH 值是衡量氢离子浓度的一个指标。泡沫灭火剂的 pH 值应为 6.0～9.5。pH 值过低或过高时，泡沫灭火剂就呈较强的酸性或碱性，对容器的腐蚀性较大，不利于长期储存。同时，多数泡沫灭火剂还是一种胶体溶液，pH 值过低或过高都会使胶体溶液不稳定，产生混浊、分层或沉淀，导致泡沫灭火剂与水的混合比明显下降进而影响灭火效果。

（3）比流动性

比流动性是衡量泡沫灭火剂流动状态的性能参数。用泡沫液比流动性测定装置进行测量，将泡沫液的测定结果与标准参比液的标准曲线相比较，确定样品的比流动性。标准参比液为质量分数为 90% 的甘油水溶液，泡沫液流量应不小于标准参比液的流量或泡沫液的黏度值不大于标准参比液的黏度值。

（4）发泡倍数

泡沫液按规定的混合比与水混合制成混合液，则混合液产生的泡沫体积与混合液体积的比值称发泡倍数。发泡倍数是衡量泡沫灭火剂起泡能力的一个指标。由于蛋白型泡沫灭火剂的主要发泡剂——水解蛋白是一种两性天然高分子表面活性剂，其水溶液具有较高的表面张力，因而其发泡能力低于合成型泡沫灭火剂。发泡倍数的值应符合表2-2的要求。

表2-2　低、中、高倍泡沫液发泡倍数的要求

泡沫灭火剂类型	样品状态	要求
低倍泡沫液	淡水、海水配制泡沫溶液	与供应商提供值的偏差不大于1.0或不大于供应商提供值的20%，按上述两个差值中较大者判定
中倍泡沫液	用淡水配制泡沫溶液	≥50
	用海水配制泡沫溶液	供应商提供值小于100时，与淡水测试值的偏差不大于10%；供应商提供值大于等于100时，不小于淡水测试值的0.9倍且不大于淡水测试值的1.1倍
高倍泡沫液	用淡水配制泡沫溶液	≥201
	用海水配制泡沫溶液	不小于淡水测试值的0.9倍且不大于淡水测试值的1.1倍

（5）25%（50%）析液时间

25%（50%）析液时间是指一定质量的泡沫自生成开始到析出25%（50%）质量液体的时间。它是衡量泡沫灭火剂在常温下稳定性的一个指标。析液时间的值应符合表2-3的要求。

表2-3　低、中、高倍泡沫液析液时间的要求

泡沫灭火剂类型	析液时间	要求
低倍泡沫液	25%析液时间	与供应商提供值的偏差不大于20%
中倍泡沫液	25%析液时间	与供应商提供值的偏差不大于20%
	50%析液时间	与供应商提供值的偏差不大于20%
高倍泡沫液	50%析液时间	≥10min，与供应商提供值的偏差不大于20%

（6）灭火时间

灭火时间是指从向着火的燃料表面供给泡沫开始至火焰全部被扑灭的时间。在同样的灭火条件下，灭火时间越短，则说明泡沫灭火剂的性能越好。低倍泡沫液对非水溶性液体燃料的灭火时间应符合表2-4的要求，抗醇泡沫液对水溶性液体燃料的灭火时间应符合表2-5的要求，中、高倍泡沫液的灭火时间应符合表2-6的要求。

表 2-4　低倍泡沫液灭火时间和抗烧时间的要求

灭火性能级别	抗烧水平	泡沫液类型	缓施放		强施放	
			灭火时间/min	25％抗烧时间/min	灭火时间/min	25％抗烧时间/min
I	A	AFFF/AR FFFP/AR	不要求		≤3	≥10
	B	FFFP/非 AR	≤5	≥15	≤3	不测试
	C		≤5	≥10	≤3	
	D	AFFF/非 AR	≤5	≥5	≤3	
II	A	FP/AR	不要求		≤4	≥10
	B	FP/非 AR	≤5	≥15	≤4	不测试
	C		≤5	≥10	≤4	
	D		≤5	≥5	≤4	
III	B	P/非 AR P/AR	≤5	≥15	不测试	
	C	S/AR	≤5	≥10		
	D	S/非 AR	≤5	≥5		

注：表中不同类型泡沫液对应的灭火性能级别和抗烧水平等级为应达到的最低值。

表 2-5　抗醇泡沫液灭火时间和抗烧时间的要求

灭火性能级别	抗烧水平	泡沫液类型	灭火时间/min	抗烧时间/min
AR I	A		≤3	≥15
	B	AFFF/AR、S/AR、FFFP/AR	≤3	≥10
AR II	A		≤3	≥15
	B	FP/AR、P/AR	≤3	≥10

注：表中不同类型抗醇泡沫液对应的灭火性能级别和抗烧水平等级为应达到的最低值。

表 2-6　中、高倍泡沫液灭火时间和抗烧时间的要求

泡沫灭火剂类型	灭火时间/min	1％抗烧时间/min
中倍泡沫液	≤2	≤0.5
高倍泡沫液	≤2.5	不测试

（7）抗烧时间

抗烧时间是衡量泡沫耐热性能的一个技术指标。抗烧时间有 25％抗烧时间和 1％抗烧时间两种，1％抗烧时间仅适用于中倍泡沫液。25％抗烧时间测定是在油盘液体燃料表面建立了一个泡沫层以后，于油盘中心位置置入一个装有燃料的抗烧罐，记录自点燃抗烧罐至油盘 25％的燃料面积被引燃的时间。1％抗烧时间测定方法如下：将油盘放置在地面上并保持水平，油盘加入水及燃料，将装有

燃料的抗烧罐挂在油盘的下风侧，点燃油盘，喷射泡沫灭火，记录从停止喷射泡沫至油盘内泡沫层上出现悬浮火焰的时间，即为1%抗烧时间。

二、常用泡沫灭火剂

1. 普通蛋白泡沫灭火剂

普通蛋白泡沫灭火剂又称蛋白泡沫液，用P表示。普通蛋白泡沫灭火剂的关键组分是由动物蛋白（蹄角、血液、皮毛）以及植物蛋白（豆饼、菜籽饼、味精生产的废液）等，在碱性条件下加温、加压经部分水解得到的所谓水解蛋白。此外还含有一定量的稳定剂、抗冻剂、防腐剂等添加剂和水。

按照混合比的不同，普通蛋白泡沫灭火剂有6%型和3%型两种。

（1）特点

① 析液时间长。普通蛋白泡沫灭火剂稳定性较好，具有较长的25%析液时间和50%析液时间，在常温下存留较长时间后，泡沫仍具有较好的覆盖和封闭能力。

② 生产原料易得，生产工艺简单，成本低。比其他任何合成表面活性剂的生产工艺都要简单，而且质量容易控制，可以大规模生产，价格是所有泡沫灭火剂中最低的一种。

③ 抵抗油类污染的能力较低，灭火缓慢，不能与干粉灭火剂联用，不能用于液下喷射灭火。

④ 有异味，易沉淀，储存期短。

（2）适用范围

普通蛋白泡沫灭火剂主要用于扑救B类火灾中的非水溶性可燃、易燃液体火灾，也适用于扑救木材、纸、棉、麻以及合成纤维等一般固体可燃物火灾。对于一般固体可燃物的表面火灾，普通蛋白泡沫具有较好的黏附和覆盖作用，可以封闭燃烧面，同时还具有较好的冷却作用和一定的润湿作用，使灭火用水量大大降低。近年来的研究表明，普通蛋白泡沫用于扑救森林火灾和防止火势蔓延也非常有效。

蛋白泡沫灭火剂不能用于扑救醇、醛、酮、羟酸等极性液体火灾，也不宜用于扑救醇含量超过10%的加醇汽油火灾；不能扑救D类火灾以及其他遇水反应的固体物质火灾，不能用于扑救带电设备的火灾。

2. 氟蛋白泡沫灭火剂

氟蛋白泡沫灭火剂是以普通蛋白泡沫灭火剂为基料添加适当的氟碳表面活性剂及其他添加剂制成的泡沫灭火剂，用FP表示。主要由水解蛋白、氟碳表面活性剂、溶剂以及必要的抗冻剂等成分组成。

按照混合比的不同，氟蛋白泡沫灭火剂有6%型和3%型两种。

（1）特点

氟蛋白泡沫灭火剂既保持了蛋白泡沫灭火剂的优点，又克服了相应的缺点，已经成为广泛使用的灭火剂之一。与蛋白泡沫灭火剂相比，氟蛋白泡沫灭火剂具有以下优点。

① 流动性好，可大大缩短泡沫封闭液面的时间，比同体积普通蛋白泡沫灭火剂灭火效率高。假设普通蛋白泡沫落到油面上要堆积到高度 h 时才能扩散，氟蛋白泡沫由于流动性好，只在油面上堆积到 $h/2$ 时即可迅速扩散，如图 2-1 和图 2-2 所示。

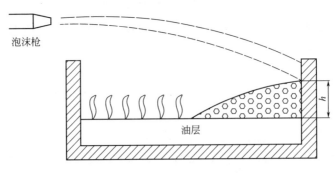

图 2-1　普通蛋白泡沫灭火示意图

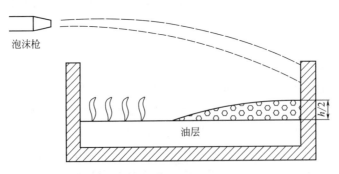

图 2-2　氟蛋白泡沫灭火示意图

② 能与干粉灭火剂联用，在同样的条件下，两者联用时的灭火时间比氟蛋白泡沫灭火剂单独使用时短。

③ 疏油性强，适宜在液下喷射灭火。

（2）适用范围

可用于液下喷射。由于氟蛋白泡沫灭火剂具有良好的抵抗油类污染能力，即使对挥发能力较强的汽油，泡沫通过油层后仍可控制火焰，使用氟蛋白泡沫液下喷射技术扑救油罐火灾，比液上喷射更为安全可靠。

可与干粉联用。在扑救油类火灾时，往往将氟蛋白泡沫灭火剂与干粉灭火剂联合使用，以便同时发挥两种灭火剂各自的长处，缩短灭火时间。干粉灭火的优点是灭火速度快，但干粉灭火的冷却作用甚微，灭火后容易产生复燃。如果把干粉与泡沫联合使用，干粉能够迅速压住火势，泡沫则覆盖在液面上，使可燃液体与空气隔绝，起到降温的作用，防止复燃。

除了可以在固定泡沫灭火系统中采用液下喷射的方式，以及可以和各种干粉联用外，其余适用范围与普通蛋白泡沫灭火剂完全相同。

3. 水成膜泡沫灭火剂

水成膜泡沫灭火剂又称"轻水"泡沫灭火剂，用 AFFF 表示。水成膜泡沫灭火剂主要由氟碳表面活性剂、碳氢表面活性剂、泡沫稳定剂以及水等成分组成，可在某些烃类表面上形成一层水膜。

（1）特点

① 具有极好的流动性。由于其混合液具有很低的表面张力和界面张力，泡沫的表面张力也较低，因而水成膜的流动性非常好。

② 灭火效率高。由于具有良好的流动性，水成膜泡沫在油面上堆积的高度仅为蛋白泡沫的 1/3 时就能迅速扩散（图 2-1 和图 2-3），再加上水膜的作用，大大提高了灭火效率。水成膜泡沫灭火剂是目前低倍数泡沫灭火剂中灭火效率最高、灭火速度最快的一种灭火剂。

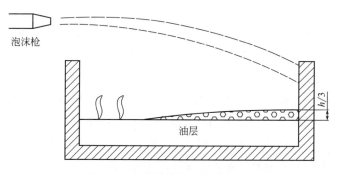

图 2-3　水成膜泡沫灭火示意图

③ 应用方式多。可与各种干粉灭火剂联用，亦可采用液下喷射的方式扑救油罐火灾。

④ 析液时间短。与蛋白泡沫灭火剂相比，水成膜泡沫灭火剂的 25％析液时间很短，因而泡沫不够稳定，抗烧时间短，对油面的封闭时间不够长，防止复燃的能力较差。

（2）适用范围

水成膜泡沫灭火剂主要适用于扑救 B 类火灾中的非水溶性可燃、易燃液体火灾。由于具有良好的流动性能，水成膜泡沫灭火剂不仅对油罐内火灾非常有效，而且扑救地面流淌火的效果也很好。

水成膜泡沫灭火剂也可用于扑救 A 类火灾。由于水成膜泡沫灭火剂与水的混合液具有很低的表面张力和优良的扩散性能与渗透性，不论是以泡沫的形式还是以混合液喷雾的形式，对一般固体物质的火灾都具有很好的灭火效果。对于热塑性高分子材料及其制品在火灾时被熔化，而形成 A 类、B 类火灾共存的情况，使用水成膜泡沫灭火剂扑救可以得到较好的结果。

对于醇、酯、醚等极性液体火灾，水成膜泡沫仅适用于扑救一些极性较小的液体浅层火，而且需要很大供给强度才能奏效。对于极性液体的深层火，则需要抗溶性水成膜泡沫灭火剂或其他类型的抗溶性泡沫灭火剂来扑救。

水成膜泡沫灭火剂不能用于扑救 C 类火灾、带电设备的火灾、D 类火灾以及其他遇水反应物质的火灾。

4. 抗溶泡沫灭火剂

抗溶泡沫灭火剂又称抗醇泡沫灭火剂，用 AR 表示。

按泡沫的基质不同，抗溶性泡沫灭火剂可分为凝胶型泡沫灭火剂和氟蛋白型抗溶泡沫灭火剂。

下面将重点介绍目前消防部队常用的凝胶型抗溶泡沫灭火剂。凝胶型抗溶泡沫灭火剂主要由碳氢表面活性剂、触变性多糖、氟碳表面活性剂和泡沫稳定剂等组成。

（1）特点

凝胶型抗溶泡沫灭火剂是一种浅琥珀色的黏稠液体，没有特殊的气味，具有表面张力较低、黏度高、凝固点高等特点。

（2）灭火机理

当凝胶型抗溶泡沫灭火剂生成的泡沫施加到极性液体燃料表面时，泡沫与极性液体接触会析出泡沫混合液，而抗溶泡沫的混合液是多糖溶液，会发生凝胶作用，形成一层不溶于极性液体且柔韧、持久的聚合物凝胶薄膜，这层凝胶薄膜会将极性液体和上面的泡沫隔开，阻止了极性液体对泡沫的进一步破坏，从而保证了极性液体表面上连续泡沫层的形成，并通过隔离、抑制燃料蒸发、冷却等作用灭火。

（3）适用范围

抗溶泡沫灭火剂主要用来扑救醇、酯、酮、醛、醚、胺、有机酸类等极性液体火灾，也可用来扑救非极性的烃类、油品火灾。此外，它还可通过喷射雾状泡沫射流来扑救 A 类火灾。由于泡沫液中含有氟碳表面活性剂，泡沫混合液对一般固体物质的润湿性和渗透性都远比水高，且多糖可使混合液具有比水高得多的黏度，可使水黏附于固体物质表面，提高水的灭火效力。

可以与干粉灭火剂联用，也可通过液下喷射的方式扑救非极性液体燃料储罐火灾。

与其他泡沫灭火剂一样，凝胶型抗溶泡沫灭火剂不能用于扑救 C 类和 D 类火灾、遇水反应物质的火灾以及带电设备的火灾。

5. 高倍数泡沫灭火剂

高倍数泡沫灭火剂是以合成表面活性剂为基料，通过高倍泡沫发生器产生发泡倍数大于 200 的泡沫灭火剂。

高倍数泡沫灭火剂主要由发泡剂、泡沫稳定剂以及水等组成。按混合比不同，可分为 1.5% 型、3% 型和 6% 型等。

（1）特点

① 发泡量大。高倍数泡沫灭火剂的发泡倍数高，因此泡沫量大，可迅速充满着火空间或火灾区域，而且泡沫产生的量远远大于被火焰或辐射热破坏的泡沫量，从而达到灭火的效果。同时，大量的泡沫还会将火焰包围，防止火焰蔓延。

② 容易输送。由于泡沫的密度小，又具有很好的流动性，因而在泡沫发生器的风压作用下，通过泡沫输送软管或有利的地形可以把泡沫输送到地上一定高度、地下一定深度或地面上较远的地方灭火。

③ 具有良好的隔热性能。大量的泡沫可以迅速地把燃烧物和在火场中处于火焰威胁的设备淹没，可使设备避免火焰和辐射热的危害。

④ 水渍损失小。高倍数泡沫的含水量比低倍数泡沫要低得多，而且在灭火过程中，部分水会受热蒸发，因此，灭火后只有少量的水存留于火场中。

⑤ 排烟效果显著。除灭火作用以外，高倍数泡沫还具有很好的排烟功能。在通风不良的建筑物内发生火灾后，烟气很难排出，可以通过向火场内输送高倍数泡沫的方法驱除烟雾。泡沫沿地面向火场流动，烟雾被驱逐到泡沫上方并通过建筑物的空隙排出火场。

（2）适用范围

高倍数泡沫主要适用于扑救 A 类火灾和 B 类火灾中的烃类液体火灾，特别适用于扑救有限空间内的火灾，如地下室、矿井坑道及地下洞库等有限空间里的 A 类（如木材及木制品、纤维制品、煤炭等）火灾。

高倍数泡沫不适用于扑救 B 类火灾中的极性液体火灾、C 类火灾、遇水反应物质的火灾和带电设备的火灾。

6. A 类泡沫灭火剂

A 类泡沫灭火剂主要由发泡剂、泡沫稳定剂、渗透剂、阻燃剂和增黏剂等组成。A 类泡沫液的添加剂能够增加泡沫混合液的黏稠度，并能使泡沫长时间黏附在可燃物表面形成一层防辐射热的保护层，起到阻燃和隔热作用。

（1）特点

A 类泡沫灭火剂具有表面张力低、含水量少、25% 析液时间长、附着力强、电导率低、毒性小、易降解等特点，一般应配合压缩空气泡沫系统使用。但 A 类泡沫也存在抗烧性差、热容小等问题。

（2）适用范围

A 类泡沫灭火剂可以扑救固体物质初起火灾，如建筑物、灌木丛和草场、垃圾填埋场、轮胎、谷仓、地铁、隧道等场所的火灾。

第二节
泡沫产生与喷射装备

泡沫灭火装备是泡沫比例混合装备、泡沫产生装备及泡沫喷射装备的总称，是扑救易燃、可燃液体火灾的重要设备。

一、泡沫比例混合器

泡沫比例混合器是将泡沫液和水按规定比例进行混合的装备。按泡沫液加入方式的不同，可分为负压式比例混合器和正压式比例混合器。负压式泡沫比例混合器包括环泵式泡沫比例混合器和管线式泡沫比例混合器，正压式泡沫比例混合器包括压力式泡沫比例混合器和平衡式泡沫比例混合器。

1. 环泵式比例混合器

环泵式比例混合器适用于泡沫消防车及低倍数泡沫灭火系统。

（1）结构组成

环泵式泡沫比例混合器是通过管路与水泵形成环状连接的负压泡沫式比例混合器。主要由调节手柄、指示牌、阀体、调节球阀、混合室、喷嘴和扩散管等组成，如图 2-4 所示。调节手柄用于调节泡沫混合液流量；调节球阀设 4～5 个口

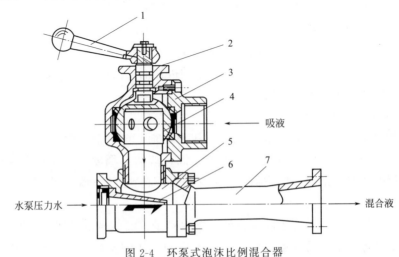

图 2-4 环泵式泡沫比例混合器

1—调节手柄；2—指示牌；3—阀体；4—调节球阀；5—混合室；6—喷嘴；7—扩散管

径不同的孔，用以控制泡沫液流量；阀体是球阀的外壳；指示牌是指示泡沫混合液流量的，其指针与调节球阀各档位泡沫液流量相对应；喷嘴是用于在混合室内产生真空度；混合室是泡沫液和水的汇合处；扩散管使泡沫混合液的动能转变成压能。

（2）工作原理

比例混合器的进口与消防水泵出口连接，其出口与消防泵进水管相连，形成环形支路，如图 2-5 所示。消防水泵启动后，部分压力水进入比例混合器，在比例混合器内，水流高速从喷嘴喷出形成负压，泡沫液罐中的泡沫液在大气压的作用下，经吸液管和吸液阀进入比例混合器的混合室与水混合，之后通过扩散管继续混合输出。输出的泡沫混合液再通过消防泵进水管进入消防泵，进一步搅拌混合。经混合均匀的泡沫混合液大部分由消防泵输往泡沫灭火系统，少部分返回比例混合器进行下一次循环。在这样不断循环中，供给泡沫灭火系统所需泡沫混合液。

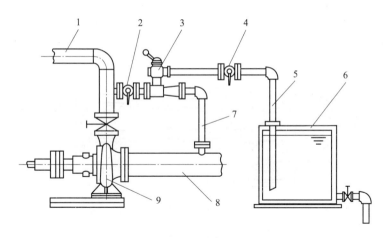

图 2-5　环泵式泡沫比例混合器安装示意图

1—泡沫混合液管；2—进水阀；3—比例混合器；4—吸液阀；5—吸液管；

6—泡沫液罐；7—出液管；8—消防泵进水管；9—消防泵

（3）操作使用

使用时，首先应打开吸液阀，转动比例混合器的调节手柄，使指示牌指针指向相应泡沫混合液流量档位，然后启动消防泵。当消防泵压力达到 0.6～1.2MPa 时，打开比例混合器进水阀，则开始吸液。如过早打开进水阀，会影响消防泵吸水。工作结束停泵前，应先关闭吸液阀，消防泵继续运转几分钟，将比例混合器内部及管路中的泡沫液和泡沫混合液冲洗干净后再停泵。

（4）使用注意事项

① 使用环泵式泡沫比例混合器时，应保证其进口压力在额定工作压力范围

内，才能按设计比例吸入泡沫液，满足灭火需要。

② 使用环泵式泡沫比例混合器时，消防泵进水管压力不得超过 0.05MPa。

③ 环泵式泡沫比例混合器的吸液高度不得超过 1.5m。

④ 环泵式泡沫比例混合器的参数按吸入 6％型泡沫液标定，如用 3％型泡沫液，应适当调节泡沫比例混合器示数。如使用 6％型泡沫液供应两支 PQ8 泡沫枪时，比例混合器的示数应调至 16，改用 3％泡沫液时，则示数调至 8。

2. 管线式泡沫比例混合器

管线式泡沫比例混合器主要安装在消防泵与泡沫喷射装备之间的供水线路中，相较环泵式泡沫比例混合器，结构简单，流量小。

（1）构造组成

管线式泡沫比例混合器主要由管牙接口、混合器本体、过滤器、喷嘴、吸液管接口、扩散管、底阀、调节阀等组成，如图 2-6 所示。其工作原理参见环泵式泡沫比例混合器工作原理。

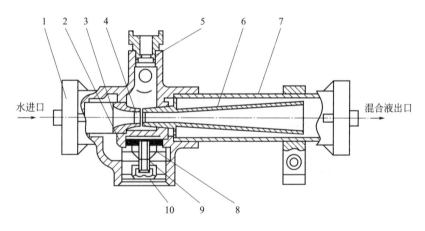

图 2-6　管线式比例混合器

1—管牙接口；2—混合器本体；3—过滤器；4—喷嘴；5—吸液管接口；
6—扩散管；7—外接管；8—橡胶膜片；9—调节阀芯；10—调节手柄

（2）使用注意事项

管线式泡沫比例混合器工作压力通常在 0.6～1.2MPa 范围内，压力损失在进口压力的 1/3 以上；混合比精度通常较差；混合器应水平安装，其吸液高度不得大于 1m。该比例混合器也可用于高倍数泡沫灭火系统。

二、泡沫产生装备

1. 中倍数泡沫产生器

中倍数泡沫产生器是指将一定比例的泡沫混合液与空气混合发泡，形成中倍数泡沫的装置。由中倍数泡沫产生器产生的泡沫具有流动性能好、抗烧性能强、覆盖火源快等特点，适用于扑救油类火灾和一般的固体物质火灾，特别适用于扑救中小仓库、汽车库、飞机库等有限空间火灾，对于液化石油气、天然气以及有机溶液的流淌事故和水溶性可燃液体火灾也有较好的抑制作用。

国产中倍数泡沫产生器主要是手提式，可与泡沫消防车、水罐消防车和手抬机动消防泵辅以管线式泡沫比例混合器配套使用。

以 PZ2 型中倍数泡沫产生器为例，该泡沫产生器可与多用水枪配套使用，当具有压力的泡沫混合液通过多用水枪雾化后，喷射到发泡网上，产生中倍数泡沫，结构如图 2-7 所示。

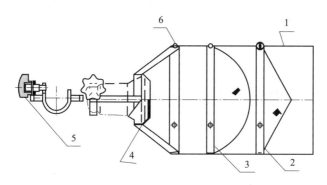

图 2-7　PZ2 中倍数泡沫发生器

1—筒体；2—锥形网；3—球面网；4—枪头座；5—手柄；6—铆钉

2. 高倍数泡沫产生器

高倍数泡沫产生器是将一定比例的泡沫混合液与空气混合发泡，并通过风机正压送风产生高倍数泡沫的装置。利用高倍数泡沫产生器可在短时间内产生大量泡沫，迅速输送到火场，在很短时间内就可以控制和扑救一般固体物质火灾和油类火灾。

按动力源不同，常用的主要有水力驱动高倍数泡沫产生器和内燃机驱动高倍数泡沫发生器。以水力驱动高倍数泡沫产生器为例，主要由喷嘴、水轮机、发泡网、比例混合器等组成，如图 2-8 所示。当高倍数泡沫混合液以雾状喷向发泡网，在其表面形成一层液体薄膜，在风扇形成的高速气流作用下穿过发泡网小孔，形成发泡倍数大于 200 的泡沫。

三、泡沫喷射装备

1. 泡沫枪

泡沫枪是一种由单人或多人携带和操作、产生和喷射泡沫的喷射管枪。

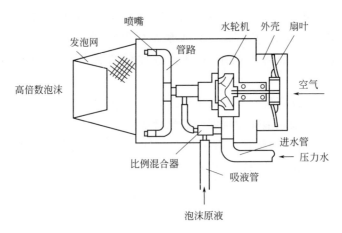

图 2-8　PFS 系列高倍数泡沫发生器

（1）分类与型号

泡沫枪按发泡倍数和结构形式不同可分为低倍数泡沫枪、中倍数泡沫枪和低倍数-中倍数联用泡沫枪；按其是否自带吸液功能，分为自吸式泡沫枪和非自吸式泡沫枪。

泡沫枪的型号组成如图 2-9 所示。

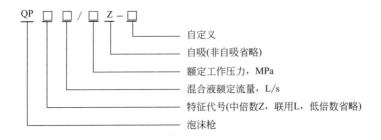

图 2-9　泡沫枪的型号编制

示例：QP4/0.7Z 表示混合液额定流量为 4L/s，额定工作压力为 0.7MPa 的自吸式低倍数泡沫枪。

（2）构造原理

自吸式泡沫枪主要由喷嘴、启闭柄、手轮、枪筒、吸液管、枪体、管牙接口等组成，如图 2-10 所示。当压力水进入枪体第一个孔 D_1 时，在枪体和喷嘴之间构成的空间内形成负压，空气泡沫液便沿着吸液管进入这个空间并与压力水混合，形成混合液。当混合液通过 D_2 孔时，再次形成负压，吸入大量空气与混合液进行混合，产生空气泡沫，经过枪筒减速增压后喷射出去。

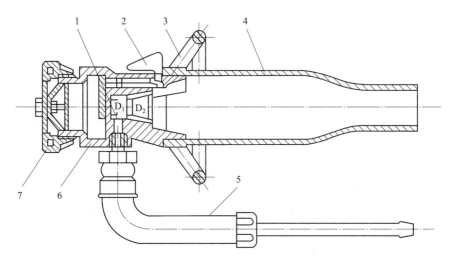

图 2-10　自吸式泡沫枪

1—喷嘴；2—启闭柄；3—手轮；4—枪筒；5—吸液管；6—枪体；7—管牙接口

非自吸式泡沫枪的结构与自吸式泡沫枪大致相似，不同之处在于，非自吸式泡沫枪的枪筒内只有一个喷嘴，没有自吸管。非自吸式泡沫枪应供给泡沫混合液。

（3）主要性能参数

目前消防部队使用的泡沫枪主要有 PQ4、PQ8 和 PQ16 等三种型号，其性能参数见表 2-7。

表 2-7　泡沫枪主要性能参数

型号	工作压力/MPa	泡沫液流量/(L/s)	混合液流量/(L/s)	配用泡沫液类型/%	射程/m
PQ4	0.7	0.24	4	3 或 6	24
PQ8	0.7	0.48	8	3 或 6	28
PQ16	0.7	0.96	16	3 或 6	32

（4）使用注意事项

以自吸式泡沫枪为例，泡沫枪进口端压力一般为 0.5MPa，但不得低于 0.3MPa。采用吸液管吸取泡沫液时，应安好吸液管，并检查其密封性能是否良好，然后将一端插入到泡沫液桶中，待供水正常后，扳动启闭柄到拉开位置，泡沫即喷出，需要停止喷射时，扳动启闭柄到关闭位置即可。吸液时应注意吸液管端部的吸入孔不要露出液面。喷射时，应向顺风方向喷射，尽量避免向侧风喷射。扑救液体火灾时，应避免泡沫射流直接冲击液面。

2. 泡沫炮

消防空气泡沫炮（简称泡沫炮）是产生和喷射泡沫的消防炮，泡沫混合液流量在 24L/s 以上。一般分为普通泡沫炮、泡沫-水两用炮、泡沫-水组合炮、泡沫-干粉组合炮。

（1）结构组成

普通泡沫炮主要由扩散控制器、炮筒、泡沫产生器、集流管、回转座、球阀和操作手柄（包括电动控制）等组成。炮口处装有扩散控制器，可调节泡沫流的形状，其操作形式有手动和电动两种；炮筒是泡沫膨胀后的动态平衡管段；泡沫产生器是吸取空气并使其与泡沫混合液混合产生泡沫的部件；集流管将由立管输送来的混合液分流汇集至进液管；回转座是支撑炮体做 360°水平回转并能定位的部件；球阀是管道中的开关；操作手柄用来控制泡沫炮的俯仰和水平回转。

泡沫-水组合炮主要由泡沫混合液球阀、蜗轮蜗杆俯仰机构、蜗轮蜗杆回转机构、进水球阀、水炮、泡沫炮等组成（图 2-11）。泡沫液球阀是泡沫炮的开关；蜗轮俯仰机构是用来调整炮的不同俯仰的工作角度；蜗轮蜗杆回转机构用来调整 360°水平回转角；进水球阀是水炮的开关。

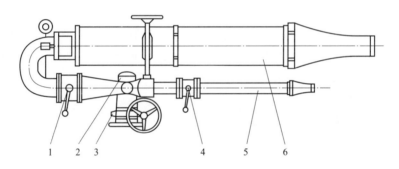

图 2-11　PP48A 型空气泡沫-水组合炮

1—泡沫液球阀；2—蜗轮蜗杆俯仰机构；3—蜗轮蜗杆回转机构；

4—进水球阀；5—水炮；6—泡沫炮

（2）使用注意事项

泡沫炮在使用时为了确保射程，应顺风喷射。扑救地面油库（油池）火灾时，应将泡沫射向池边，使泡沫从池边逐步覆盖燃烧液面。喷射泡沫后应用清水冲洗，然后放尽炮筒内的积水。

第三节
消防员防护装备

消防员防护装备主要是为保证消防员在灭火救援行动中人身安全的配套装备主要分为消防员防护服装、隔热服、避火服和化学防护服。

一、消防员防护服装

消防员灭火防护服装是消防员在进行灭火救援时穿着的专用防护服装，一般由消防头盔、消防员灭火防护服、消防手套和消防员灭火防护靴组成。执行 GA 10—2014《消防员灭火防护服》产品标准。

1. 消防员灭火防护服

消防员在进行灭火救援时穿着的专用防护服装，具有阻燃、隔热、透气、防水的作用，用来对其上下躯干、脖颈、手臂、腿进行热防护，防护范围不包括头部、手部、脚部。适用于消防员在一般火场、事故现场进行灭火救援作业时穿着，不适用于在直接接触高温、火焰和有熔融物质的环境中穿着，例如丛林火灾、荒野火灾和森林火灾。不适用于有血液或其他体液渗透、危险化学品、生物制剂、放射性物质等危险环境下的灭火和救援活动。防护范围不包括头部、手部和脚踝及脚部，灭火和救援作业时须与防护头盔、防护靴、防护手套等配套穿着，以达到防护全身的效果。

（1）结构组成

消防员灭火防护服为分体式结构，由防护上衣、防护裤子组成。消防员灭火防护服的面料一般由四层组成。

① 外层。一般采用芳纶纤维织物，具有阻燃性能，且阻燃性能不受多次洗涤影响，耐磨性能好，强度高。

② 防水透气层。一般采用芳纶无纺布（毡）复合聚四氟乙烯薄膜，具有防水、透气功能。

③ 隔热层。一般采用芳纶无纺布或毡，具有保暖、隔热和阻燃功能，提供隔热保护。

④ 舒适层。一般采用50％芳纶和50％阻燃黏胶混纺布。

此外，消防员灭火防护服还包括一些辅料，如阻燃耐高温的反光标志带、标签、强检标志、阻燃芳纶缝纫线、阻燃魔术贴、PU 密封胶条和拉链等。

（2）穿戴使用

① 穿着前应进行检查，发现没有强检标识或衣物缝合处有损坏，不得使用。

② 灭火防护服应与消防头盔、消防手套、灭火防护靴等个人防护装备配套使用。

③ 灭火救援时，应扣紧灭火防护服所有的部件，如尼龙搭扣、纽扣、拉链、吊钩、衣领、护颈等，并避免与火焰、高温炽热物体直接接触。

④ 在火场中因浸湿、高温灼烧、撕裂等导致防护性能下降时应及时撤出。

⑤ 高温环境穿着灭火防护服时宜采用内置式冷却背心等降温措施。

（3）维护保养

① 使用后宜使用不含磷的中性洗涤剂清洗，水温不超过 40℃。

② 洗涤时采用轻柔模式，将拉链、搭扣等金属件扣紧，将防护服翻面放入洗衣袋后洗涤，以免损坏、磨损衣物。

③ 清洗后在通风处晾干，避免暴晒或长时间在烘干室烘烤。

④ 灭火防护服损坏应及时修补、更换。

⑤ 每季度应进行一次检查，查看是否有潮湿、霉变、褪色、虫蛀等现象。

2. 消防头盔

消防头盔是消防员进行灭火救援作业时戴在头上用于保护头部安全的防护装具。执行 GA 44—2015《消防头盔》标准。消防头盔主要用于火灾现场对消防员头、颈部进行保护，防止坠落物的冲击和穿透，同时也能防热辐射、燃烧火焰、电击、侧面挤压。

按外形可分为全盔式和半盔式两种。全盔式头盔将头部全部包裹在头盔内部，具有重心稳定、头盔与头部结合紧密的特点，但将头部全部包裹在头盔中，增大了头盔的重量，不利于头部的散热，而且若不佩戴内部通信装置等附件，还会对消防员的通信造成困难。半盔式头盔覆盖人体头部耳朵以上的部位，具有缓冲空间大，重量轻，透气性好的特点，但重心较高，保护范围比全盔式小。

（1）结构组成

消防头盔由帽壳、缓冲层、佩戴装置、面罩、披肩主要部件组成。

① 帽壳。消防头盔帽壳一般采用工程塑料注塑而成，要求帽壳具有足够的强度能直接阻挡冲击物，不使其冲穿帽壳，直接接触头部。

② 缓冲层。缓冲层是位于头顶和帽壳内表面间的缓冲支承带，通常采用织带制成。有些消防头盔中缓冲层使用工程塑料注塑制成，起到吸收冲击能量的作用。

③ 佩戴装置。消防头盔佩戴装置由帽箍、帽托和下颚带组成。

④ 面罩。面罩是用于保护消防员面部免受辐射热和飞溅物伤害的面部防护罩。面罩可以安装在帽壳内部上下伸缩，也可以安装在帽壳外部，利用紧固螺钉和垫片固定在帽壳上，根据工作需要自由翻转。面罩一般采用工程塑料注塑制成，具有良好的透光率。

⑤ 披肩。披肩是用于保护消防员颈部和面部两侧，使之免受水及其他液体或辐射热伤害的防护层。一般使用阻燃防水织物制成。披肩与帽圈用粘扣或按扣连接在一起，可以装卸，便于披肩的洗涤。

（2）佩戴使用

① 佩戴前检查。使用前应检查消防头盔的帽壳、面罩是否有裂痕、烧融等损伤；缓冲层是否发生损伤；帽箍上的插脚是否插入帽壳的插槽内；下颚带的搭扣是否损坏、环扣能否起到拉紧的作用；披肩是否有炭化、撕破等损伤。

② 佩戴使用。根据消防员自身情况调节调幅带；装上披肩呈自然垂挂状态；戴帽后，将下颏带搭扣扣紧，然后调节环扣，使下颏带紧贴面部系紧；调节棘轮，将帽箍系紧；拉下面罩；在灭火战斗中，不要随意推上面罩或卸下披肩，以防面部、颈部烧伤或损伤。

③ 使用后清洗。佩戴后，应将各部件清洗、擦净、晾干。清洗帽壳和面罩可用适宜的塑料清洗剂或清洗液，不要使用溶剂、汽油、乙醇等有机溶液或酸性物质清洗。

（3）维护保养

① 消防头盔各部件不应随意拆卸，检查和维修工作必须由经过培训的技术人员来执行，以免影响结构的完整性和各部件的配合精度，降低防护性能。

② 消防头盔应避免跌落或者与坚硬物质相互摩擦、碰撞，以免划伤或损坏帽壳和面罩。

③ 在储存消防头盔之前，必须先进行清洁并使其干燥。

④ 建议将消防头盔存放于保护袋内，或者是封闭的地方（如壁橱，储物柜）进行储存，远离潮湿，光照以及废气。

3. 消防手套

消防手套是对消防员的手和腕部进行防护用的手套，不适用于化学、生物、电气以及电磁、核辐射等危险场所。执行 GA 7《消防手套》标准。根据防护性能等级划分为三类，由于一类手套防护性能过低，消防员应使用二类以上消防手套。

（1）结构组成

消防手套一般为分指手套，除手套本体外，允许有袖筒。以二类手套为例，消防手套由外层、防水层、隔热层和衬里等四层材料组合制成。

① 外层。一般为芳纶面料，具有阻燃、耐磨、耐撕破、抗切割和抗刺穿等功能。

② 防水层。一般为 PVC 或基布覆 PTFE 膜，起到防水作用，在一定程度上阻止周围环境中的化学液体向内层（隔热层）转移渗透。

③ 隔热层。一般为芳纶毡，主要用于提供隔热保护，防止高温热量对手部皮肤的烧伤。

④ 衬里。是手套本体中与穿戴者皮肤接触的最内层部分，能够吸汗，提高穿戴者的舒适度。

（2）穿戴使用

① 消防手套佩戴时，应将手套口和灭火防护服袖口形成部分重合。

② 佩戴消防手套进入火场前应将手套紧固装置拉好。

③ 灭火救援时，注意避免消防手套与火焰或高温炽热物体直接接触。

④ 应避免与坚硬、锋利的物体接触，以防刮伤损坏。

（3）维护保养

① 定期检查。未使用过的消防手套：每半年应进行一次开包检查，检查多层结构是否完整，是否有破损；拉链、尼龙搭扣、反光标志带是否完好；使用过的消防手套：每周检查是否有破损；拉链、尼龙搭扣、反光标志带是否完好；如果消防手套因磨损、撕破、烧毁或化学侵蚀等，使其原结构遭到破坏，应及时更换。

② 修补。应使用原制造商提供的专用面料和耐高温缝纫线进行修补，不得使用其他未经检验的面料和缝纫线，以免发生危险。

③ 清洗。消防手套可采用水洗或者使用毛刷蘸少量中性洗涤剂进行清洗，严重污渍可用干洗剂涂抹、轻揉并用清水冲洗，但不得用洗衣机进行洗涤。洗涤后晾干。若采用烘干，烘干温度不应超过 60℃。

4. 消防员灭火防护靴

消防员在灭火作业时用来保护脚部和小腿部免受水浸、外力损伤和热辐射等因素伤害的防护装备。执行 GA 6—2004《消防员灭火防护靴》标准。适用于一般火场、事故现场进行灭火救援作业时穿着，不适用于处置危险化学品、生物毒剂、放射性物质及带电设备等事故。根据材质的不同，消防员灭火防护靴分为消防员灭火防护胶靴和消防员灭火防护皮靴两种。

（1）结构组成

消防员灭火防护胶靴一般由靴头、靴面、胫骨防护垫、靴筒、踝骨防护垫和靴底等多层结构组成。

靴头内设置有钢包头层，以防掉落物砸伤趾部和严重碰伤。钢包头层上下两侧设置防护外层、舒适层、衬里层等。

靴底设置有钢中底层，并在钢中底层上下两侧设置绝缘层、舒适层和衬里层等，提高靴底的防刺穿性、绝缘性以及隔热性。靴底采用防滑设计。靴底有梯形梗，可通过靴底分散身体重量，便于上下楼工作。

靴的筒部、脚部、底部及后跟表面采用阻燃橡胶，中层采用隔热海绵层，内表面采用棉针织物，有助于防止腿的下部碰伤。

（2）穿着使用

① 穿着前应检查消防员灭火防护靴是否完好，如靴面是否有破损、靴底是否有被刺穿的痕迹等。

② 消防员穿着时应了解消防员灭火防护靴的主要性能及适用范围。

③ 使用中应尽量避免消防员灭火防护靴与火焰、熔融物以及尖锐物等直接接触，防止损坏。

④ 应避免与坚硬、锋利的物体接触，以防刮伤损坏。

⑤ 每次穿着后应用清水冲洗，洗净后放在阴凉、通风处晾干，严禁暴晒、烘干。

⑥ 严禁用于电压大于 4000V 或有浓酸、浓碱等强烈腐蚀性化学品等的场所。

（3）维护保养

① 应储存在温度为 −10～40℃，相对湿度小于 75%，通风良好的库房中。

② 存放处应距地面和墙壁 200mm 以上，距离热源不小于 1m。

③ 避免日光直接照射、雨淋及受潮。

④ 不能受压及接触腐蚀性化学物质和各种油类。

⑤ 未使用过的消防员灭火防护胶靴每半年至少应进行一次开包检查，并进行通风、倒垛处理，必要时进行晾晒，以防橡胶粘黏、潮湿、霉变和虫蛀等现象。

⑥ 使用过的消防员灭火防护靴存放前必须进行清洗、维护、晾干，靴筒应直立存放，并注意保持干燥清洁；每季度进行一次检查，并进行通风、倒垛处理，必要时进行晾晒。

二、消防员隔热防护服

消防员隔热防护服是消防员在灭火救援靠近火焰区受到强辐射热侵害时穿着的防护服。执行 GA 634—2015《消防员隔热防护服》标准。适用于消防员在高温作业时穿着，不适用于消防员在灭火救援时进入火焰区与火焰有接触或处置危险化学品、放射性物质、生物毒剂等事故。

1. 结构组成

隔热服面料由外层、隔热层、舒适层等多层织物复合制成。消防员隔热防护服的款式分为分体式和连体式两种。下面以分体式消防员隔热防护服为例进行介绍。分体式消防员隔热防护服由隔热头罩、隔热上衣、隔热裤、隔热手套以及隔热脚盖等单体部分组成。

（1）隔热头罩

用于头面部的防护。隔热头罩上面配有视窗，视窗采用无色或浅色透明的具有一定强度和刚性的耐热工程塑料注塑制成，视野宽，透光率好。

（2）隔热上衣

用于对上部躯干、颈部、手臂和手腕提供保护。隔热上衣背部设有背囊，空气呼吸器的储气瓶放在背囊部位。

（3）隔热裤

用于对下肢和腿部提供保护的部分。裤腿覆盖到灭火防护靴靴筒外部，防止杂物进入到靴子中。

（4）隔热手套

用于对手部提供保护，通常应穿戴在消防员抢险救援手套外部使用。它与隔热上衣衣袖多层面料之间应有 200mm 的重叠部分。

（5）隔热脚盖

穿戴在消防员灭火防护靴外，覆盖防护靴整个靴面，用于对脚部提供保护。它与隔热裤多层面料之间有 300mm 的重叠部分。

2. 穿戴使用

（1）穿着前的检查

穿着前，应检查消防员隔热防护服表面是否有裂痕、炭化等损伤；接缝部位是否有脱线、开缝等损伤；衣扣、背带是否牢固齐全，如有损伤，应停止使用。

（2）选择要合规

首先应佩戴好防护头盔、防护手套、防护靴和空气呼吸器，然后穿着消防员隔热防护服，并将隔热头罩、隔热手套、隔热脚盖分别穿戴在防护头盔、防护手套和防护靴的外部，将空气呼吸器储气瓶放在背囊中。扣紧所有密封部位的部件。

（3）维护保养

① 使用过的隔热服应当按照下列要求进行处理。进行清洁处理：首先是进行擦洗，擦洗时要用软布蘸中性洗涤液，擦洗表面残留污物；然后用清水冲洗干净，严禁用水浸泡和捶击；清洗干净后悬挂于通风干燥处晾干，严禁暴晒、烘烤；晾干后方可按原包装方式放入包内置于货架上存放，有条件的可采用挂放形式保存。每季度应进行一次检查，查看是否有潮湿、铝箔脱落、霉变、虫蛀等现象。

② 定期检查。每周应对执勤隔热服进行一次检查，检查内容包括：表面有无破损、离层、铝箔脱落、开线等现象；拉链、纽扣使用是否顺畅、灵活，裤背带、尼龙搭扣是否完好、可靠；隔热头套视片是否清晰。

每月应组织对执勤消防员隔热防护服进行一次检查，如不符合要求应及时维修或更换，检查内容包括：金属铝箔有无明显剥落或折痕，隔热层是否完整；服装表面是否有破损或不易去除的污渍及化学残留物，连接部位是否有开线现象；整套服装是否完整，拉链、纽扣、背带、尼龙搭扣等辅件是否完好；检查基布是否有脱胶及表面渗胶，面罩视片是否清晰，是否有视觉变形现象。

三、消防员避火防护服

消防员避火防护服是指消防员进入火场，短时间穿越火区或短时间在火焰区进行灭火战斗和救援时为保护自身免遭火焰和强辐射热的伤害而穿着的防护服装。不适用于在有化学和放射性伤害的环境中使用。

1. 结构组成

消防员避火防护服采用分体式结构，由头罩、带呼吸器背囊的防护上衣、防护裤子、防护手套和靴子等五个部分组成。

头罩上配有镀金视窗，宽大明亮且反射辐射热效果好，内置防护头盔，用于防砸；还设有护胸布和腋下固定带。防护上衣后背上设有背囊，用于内置空气呼吸器，保护其不被火焰烧烤。防护裤子采用背带式，穿着方便，不易脱落。手套为大拇指和四指合并的二指式。上衣袖口和下裤裤脚处设有收紧带，将袖口、裤脚收紧阻止热量的侵入。靴子底部具有耐高温和防刺穿功能。

消防员避火防护服由八层材料经分层缝纫、组合套制而成。具有防火、隔热和抗辐射热渗透性能。

（1）耐高温防火层

第一、二层为耐高温防火层，该层面料的主要成分为具有极高热稳定性和化学稳定性的二氧化硅（质量分数大于96%），在火焰温度1000℃的状况下长期使用仍有较高强力保留率，能很好地保护和支持里层材料，也有用相同性能的其他耐高温织物。

为防止火场中的钩挂、戳破、磨损等情况，更好地提高该服装的安全性，表面层采用双层结构，即使外层损坏后仍有第二层支持。

（2）耐火隔热层

第三、四层为耐火隔热层，该层材料的主要成分为氧化纤维毡，其耐火隔热性能较好。

由于空气的热导率低，通常选用双层毡，两层毡之间的空气层，可以进一步提高服装的隔热性能。

（3）防水反射层

第五层为防水反射层，通常选用复合铝箔阻燃布，不仅具有防水和抗高温热蒸汽的功能，还具有抵御辐射热的作用。

（4）阻燃隔热层

第六、七层为阻燃隔热层，该层采用成本较低双层结构的阻燃黏胶毡，隔热效果较好。增加了两层隔热层，可以进一步提高服装的隔热性能。

（5）舒适层

第八层为舒适层，该层采用具有一定强力的阻燃纯棉布。主要为穿着舒适，并对阻燃隔热层有一定的支撑作用。

2. 穿戴使用

① 穿着前应认真检查消防员避火防护服有无破损，如服装破损严禁使用。消防员避火防护服较其他衣服稍重，穿时需要人员协助。穿着消防员避火防护服必须佩戴空气呼吸器和通信器材，保证在高温状态下的正常呼吸，以及与指挥人

员的联系。

② 穿着步骤。先穿上裤子和靴子，系好背带，扎好裤口；背好空气呼吸器；穿上上衣，粘牢搭扣，将重叠部分盖严，然后将钩扣扣牢；戴上空气呼吸器面罩，打开气瓶开关；戴上头盔、头罩，把腋下固定带固定好；戴上手套，将手套套在袖子里面，扎紧袖口。

3. 注意事项

① 穿着该服装进行消防作业时，宜采用水枪保护。

② 平时应进行消防员避火防护服的适应性训练，未经专业训练的消防员严禁在实战中穿着使用。

③ 在灭火救援过程中，穿着消防员避火防护服的消防员一旦出现身体不适应尽快撤离火场。

4. 维护保养

① 使用后可用干棉纱将消防员避火防护服表面烟垢和熏迹擦净，其他污垢可用软毛刷蘸中性洗涤剂刷洗，并用清水冲洗净，不能用水浸泡或捶击，冲洗净后悬挂在通风处，自然干燥。

② 镀金视窗应用软布擦拭干净，并覆盖一层 PVC 膜保护，以备再用。

③ 消防员避火防护服应保存在干燥通风处，防止受潮和污染。

四、消防员化学防护服

消防员化学防护服是指消防员在处置化学品事件中，穿着的保护其头部、躯干、手臂和腿等部位免受化学品侵害的个人防护服，简称化学防护服。执行 GA 770—2008《消防员化学防护服装》标准。适用于处置化学品事故，但不适用于灭火以及处置涉及放射性物品、生物制剂、液化气体、低温液体危险物品、爆炸性气体等紧急事件处置时穿着的全套防护服装。

根据防护服装的防护等级不同，化学防护服装可分为一级化学防护服装和二级防护服装两个等级，其中一级化学防护服装为全密封连体式结构，二级化学防护服装是非全密封连体式结构。

1. 一级化学防护服装

消防员在处置气态化学品事故时穿着的化学防护服装，即气密性防化服。消防员穿着一级化学防护服装可用于化学灾害现场处置高浓度、强渗透性气体（蒸气）时的全身防护。一级化学防护服装具有气密性，对强酸强碱、常见有毒气体（如氨气、氯气）和挥发性液体（如氰氯化物、苯等）的防护时间不低于 1h。

（1）结构组成

一级化学防护服为全密封连体式结构。由带大视窗的连体头罩、化学防护服、正压式空气呼吸器背囊、防护靴（盖）、防护手套、通气系统（含外置接口）

和排气阀等组成。消防部队配备使用的一级化学防护服为黄色。

① 带大视窗的连体头罩。增加穿着人员的视野范围，应有防（除）雾措施。

② 化学防护服。新型一级化学防护服装（以下简称一级化学防护服）的防护材料采用夹层结构，基布为高强度、耐撕裂的100％无纺布，夹在不含卤素的多种薄膜中间。接缝处采用内外双层防化胶条密封。

③ 空气呼吸器背囊。内置空气呼吸器。

④ 防护靴（盖）。双层腿部防护层，可将防护靴内置，起到密闭的作用，防止液体倒灌。

⑤ 防护手套。具有很好的化学品防护性能，有的配有内层和外层两副手套，内层手套由复合膜制成，外层手套一般由丁基橡胶制成。

⑥ 外置接口。提供长管供气转接，有利于在相对安全的环境下短距离长时间作业。

⑦ 排气阀。服装内储积的空气达到一定压力后，排气阀自动开启泄压。

（2）工作原理

消防员佩戴空气呼吸器，穿戴好化学防护服装后，人体呼出的气体储积在防护服装内，使得服装内气体压力略大于外界环境压力，形成微正压，进而避免外界的毒害气体进入防护服装内。当防护服装内储积的空气达到一定压力后，排气阀自动开启泄压。

（3）穿戴使用

穿着一级化学防护服需要在另一名战斗员协助下完成。

① 脱下胶鞋，将袜靴套入防护靴，放下防护服装裤管门襟，防止化学品从靴口进入防护靴，将防护服拉至腰部位置。

② 背上空气呼吸器，佩戴好呼吸器和个人通信器材。检查空气呼吸器及气瓶，戴上空气呼吸面罩，打开空气呼吸器，调节腰带。

③ 穿上防护服袖子，可以选戴棉质手套，方便手可以灵活地进出手套。协助人员拉上防护服拉链，抚平拉链门襟，并将其用尼龙搭扣固定。

④ 穿着者检查是否可以从手套中抽出双手，以便擦拭面罩或调节空气调节阀，也可使用防雾剂擦拭面罩。

⑤ 检查通信器材等。无其他问题后，穿着者适当活动手臂和腿部，检验服装是否合体，以不影响正常操作为宜。

⑥ 脱卸服装时也须按照说明书要求顺序，避免一切有可能使穿戴者和周围人员被化学品沾染的动作。脱下防护服前必须按规定程序进行洗消。脱下的防护服应放到规定容器中，按相关要求进行洗消处理，避免发生安全事故或环境危害事故。

使用过程中应注意：根据身材选择尺寸大小合适的一级化学防护服，穿戴前摘下随身携带的钢笔、手表等物品，以免戳坏防护服；高温环境穿着时宜配备冷却背心等进行降温。平时应做好适应性训练，执勤用一级化学防护服不得用于日常训练。

（4）维护保养

① 每次使用后，必须根据化学危险品性质，按照洗消程序进行洗消。穿着化学防护服装的人员在脱除防护服装之前，必须经过洗消程序。产品的生产或销售企业应提供洗消溶液的推荐及禁止使用的溶液、现场洗消方法。对于重复使用的防护服装应提供再次使用前的洗消方法、清洁的内容、最高洗消次数。

② 经过全面消毒处理的防护服装，若表面及内层没有受到污染，表面也没有破损，经专业人员的认可，可以再次安全使用。

③ 严禁用洗衣机洗涤或使用硬刷刷洗。

④ 注意通风干燥，每月进行一次展开通风，必要时可涂滑石粉或放置干燥剂。

⑤ 配备一级化学防护服装的消防支队必须配备化学防护服装气密性检测设备。一级化学防护服装使用前不仅要检查防护服表面、外观是否完好，还必须每半年进行一次气密性检查，每次使用后也应进行气密性检测，并做好检测记录。气密性测试情况应登记备案。未能通过检测的化学防护服不得使用。

⑥ 储存。一级化学防护服装宜倒置悬挂，应根据生产企业提供的储存期限、条件和方法进行管理。

⑦ 废弃处理。应根据生产企业规定的最长使用年限和处理办法进行淘汰和处置。

2. 二级化学防护服装

二级化学防护服装是指消防员在处置挥发性固态、液态化学品事件中，穿着的用于全身防护的化学防护服。二级化学防护服能防止液体渗透，但不能防止蒸汽或气体渗透。

（1）结构组成

二级化学防护服装为连体式结构，由化学防护头罩、二级化学防护服、化学防护靴、化学防护手套等构成。二级化学防护服颜色为红色，应与消防过滤式综合防毒面具或空气呼吸器配合使用。

（2）穿戴使用

① 脱下胶鞋，将脚伸进袜靴，再套上防护靴，放下防护服裤管门襟，防止化学品从靴口进入防护靴。

② 戴好防护手套，拉下袖子，盖住手套，将外衣袖带套于大拇指，也可用胶带把手套和袖子固定住。

③ 在面罩外面戴上头罩，拉上拉链，将拉链门襟内侧的胶带粘在前胸，保

证防护服开口密封，接口处无渗透。

④ 戴上呼吸保护装备，检查防护服头罩与面罩是否密合，必要时可采用胶带固定。

⑤ 正确穿脱。严格按照个体防护服说明要求穿戴，注意穿戴次序，同时在脱卸个体防护装备时也需按照说明要求，顺序脱卸，避免穿着人员接触到防护服外表面或者受污染的装备。脱卸后的防护装备注意洗消处理，避免发生安全事故或环境危害事故。

此外，使用中应根据身材选择尺寸大小合适的二级化学防护服，穿戴前应摘下随身携带的钢笔、手表等物品，以免戳坏防护服。在高温环境下宜配备冷却背心等辅助装备。

（3）维护保养

① 每次使用后，应根据污染情况，可用棉布蘸肥皂水或 0.5％～1％碳酸钠水溶液轻轻擦洗，再用清水冲净。禁止使用漂白剂、腐蚀性洗涤剂、有机溶剂。

② 严禁用洗衣机清洗和使用硬刷刷洗。

③ 严禁受热及阳光直射，不允许接触活性化学物质及各种油类。

④ 存放时宜倒置悬挂，应注意通风干燥，每月进行一次展开通风，必要时可涂滑石粉或放置干燥剂。

3. 化学防护手套

化学防护手套是指能够阻止危险化学品渗透，为手和手腕提供化学防护的手套，是化学防护服装的一个组成部分。适用于消防员在处置化学品事故时穿戴，不适合在高温场合、处理尖硬物品作业时使用，也不适用于电气、电磁以及核辐射等危险场所。

化学防护手套可以是分指式也可以是连指式，结构有单层、双层和多层复合，材料一般有橡胶（如氯丁橡胶、丁腈橡胶、乳胶、聚氨酯橡胶）、塑料（如聚氯乙烯、聚乙烯醇）等。

4. 化学防护靴

化学防护靴是指能够阻止危险化学品渗透，为脚、踝及小腿提供化学防护的靴，是化学防护服装的一个组成部分。消防员在处置化学事件时穿着的腿部、足部防护装备。

化学防护靴适用于消防员在处置危险化学品事故时穿戴。不适合在高温场合、处理尖硬物品作业时使用，也不适用于电气、电磁以及核辐射等危险场所。可在不需穿戴一级、二级化学防护服的危险化学品事故场合时穿着。

化学防护靴由靴头、靴帮、靴底三部分组成。靴头、靴底结构与消防员灭火防护胶靴相似，其中靴头内设置有钢包头层，靴底设置有钢中底层。

第四节

呼吸保护装备

在有浓烟、毒气、刺激性气体或严重缺氧的火灾现场，为保护消防人员的健康与安全，应采取呼吸保护措施。佩戴呼吸保护装备是灭火救援现场最有效的呼吸保护措施。

一、呼吸保护装备概述

1. 人体呼吸机制

人的机体在新陈代谢过程中，不断地消耗氧气，同时产生二氧化碳。氧要由外界获得，而二氧化碳需排出体外，因此，机体需要不断地与外界环境之间进行气体交换，即摄取氧气而排出二氧化碳，这个过程就是呼吸。人的呼吸过程由人体呼吸系统完成，呼吸系统包括鼻、咽、喉、气管、支气管和肺等器官。

在火灾条件下，大气的成分会起激烈变化。与此同时，还会出现局部高湿、高热现象。火灾中物质燃烧时，一是要耗掉大量的氧气，使其浓度可能降低到使人体出现危险的值。此外，地道、地下室、船舱等发生火灾时，烟气也要排出大气中的一部分氧气；二是会产生肉眼看不见的各种有毒气体；三是释放大量的烟雾。

火灾过程中，大气成分和环境的改变，对人体的影响很大。氧气浓度的降低，将导致人体组织缺氧；人体吸入一定量的有毒气体会中毒；浓重烟雾使火灾现场能见度降低，给火情侦察、救人、灭火等带来困难。

2. 呼吸保护装备分类

（1）根据吸入气体种类分类

可分为正压式消防空气呼吸器和正压式消防氧气呼吸器。

① 正压式消防空气呼吸器。是指以气瓶内压缩空气作为气源，来满足使用者呼吸需要的一类呼吸防护装备。

② 正压式消防氧气呼吸器。是指以气瓶内压缩氧气或化学生氧剂产生的氧气作为气源，来满足使用者呼吸需要的一类呼吸防护装备。

（2）根据吸入气体的来源分类

可分为过滤式呼吸器和自给式呼吸器两类。

① 过滤式呼吸器。是依据过滤吸收的原理，利用过滤材料将吸入气体中的有毒、有害物质过滤后供使用者呼吸的一类呼吸防护装备，如防尘口罩和过滤式防毒面具。

② 自给式呼吸器。是指以气瓶内压缩空气（氧气）作为气源，来满足使用者呼吸需要的一类呼吸防护装备。

（3）根据呼出气体的处理方式分类

可分为开放式呼吸器和隔绝式呼吸器两类。

① 开放式呼吸器。呼出的气体经呼气阀排入大气，如正压式消防空气呼吸器和过滤式防毒面具。

② 隔绝式呼吸器。呼出的气体不排入大气，而是经净化和补氧后供循环呼吸，如正压式消防氧气呼吸器和化学生氧式呼吸器。

（4）按面罩内压力分类

可分为正压式消防空气呼吸器和负压式消防空气呼吸器两类。

① 正压式消防空气呼吸器。是指呼吸循环过程中，面罩内压力均大于环境压力的呼吸防护装备。

② 负压式消防空气呼吸器。是指呼吸循环过程中，面罩内压力均小于环境压力的呼吸防护装备。

3. 常用呼吸保护装备比较

消防部队常用的呼吸保护装备主要有正压式消防空气呼吸器、正压式长管空气呼吸器、正压式消防氧气呼吸器和消防过滤式综合防毒面具。

（1）正压式消防空气呼吸器

正压式消防空气呼吸器的特点主要是结构简单，空气气源经济方便，呼吸阻力小，佩戴舒适；操作使用和维护保养简便，视野开阔，传声较好，不易发生事故，安全性好；是目前公安消防部队应用最为广泛的呼吸防护装备。其不足之处主要是佩戴使用时间较短。

（2）长管空气呼吸器

长管空气呼吸器特点是气瓶可以分只或分组使用，并可随时更换，弥补了其他种类呼吸器供气时间短的缺点，适用于需较长时间作业的特殊固定场所，一般可供 1～2 人同时使用。但是，长管空气呼吸器作业活动范围受到管长的限制，在长距离移动过程中，可能会被尖锐器物戳破，或被腐蚀性介质腐蚀，或因与地面长期摩擦而刮伤。

（3）正压式消防氧气呼吸器

正压式消防氧气呼吸器特点主要是气源系纯氧，故气瓶体积小，质量小，便于携带，且有效使用时间长。其不足之处是：这种呼吸器结构复杂，维修保养技术要求高；部分人员对高浓度氧（质量分数大于 21％）呼吸适应性差；泄漏氧气有助燃作用，安全性差；再生后的氧气温度高，使用受到环境温度限制，一般不超过 60℃；氧气来源不易，成本高。因此，与正压式消防空气呼吸器相比，正压式消防氧气呼吸装备有使用时间长的优点，常用于高原、地下建筑、隧道及高层建筑等场所长时间作业时的呼吸保护。

（4）消防过滤式综合防毒面具

消防过滤式综合防毒面具特点主要是结构简单、质量小、携带使用方便，对佩戴者有一定的呼吸保护作用。其不足之处是：使用时外界的一氧化碳浓度不能大于2%，氧气浓度不能低于18%；呼吸阻力大；一种滤毒罐只能过滤一种或几种毒气，其选择性强。因此，在火场环境中遇到一氧化碳浓度高、烟雾浓重、严重缺氧或不能正确判断火场中毒气成分时，其使用安全性就存在一定的问题。

二、正压式消防空气呼吸器

正压式消防空气呼吸器，简称空气呼吸器，是消防员使用自携储气瓶内的压缩空气，不依赖外界环境气体，呼出的气体直接排入大气中，任一呼吸循环过程，面罩内压力均大于环境压力的一种呼吸保护装备。执行 GA 124—2013《正压式消防空气呼吸器》标准。适用于消防员等救援人员进行灭火战斗或抢险救援时，为防止吸入对人体有害的毒气、烟雾、悬浮于空气中的有害污染物以及在缺氧环境中使用。

1. 型号与系列

（1）型号

正压式消防空气呼吸器型号编制方法如图 2-12 所示。

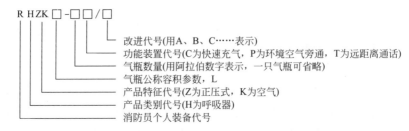

图 2-12　正压式消防空气呼吸器型号编制

例如，RHZK 6.8 表示气瓶数量为一只，气瓶的公称容积为 6.8L 的正压式消防空气呼吸器。

（2）系列

正压式消防空气呼吸器系列按照气瓶公称容积划分为：3L、4.7L、6.8L、8L、9L、12L、2L×4.7L 和 2L×6.8L 等。

2. 结构组成

空气呼吸器主要由气瓶总成、减压器总成、供气阀总成、面罩总成和背架总成五部分组成，如图 2-13 所示。

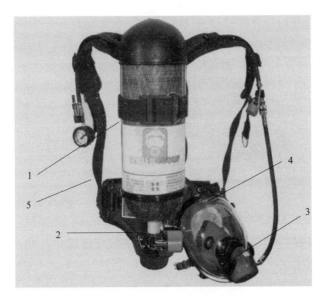

图 2-13 空气呼吸器结构组成

1—气瓶总成；2—减压器总成；3—供气阀总成；4—面罩总成；5—背架总成

（1）气瓶总成

气瓶总成由气瓶和瓶阀等组成，如图 2-14 所示。

(a) 带压力表气瓶总成　　　　　(b) 不带压力表气瓶总成

图 2-14 气瓶总成

1—带压力表瓶阀；2—气瓶；3—不带压力表瓶阀

气瓶用于储存压缩空气。目前普遍使用的碳纤维复合气瓶由铝合金内胆（密封作用）、碳纤维（承压作用）、玻璃纤维（定形作用）、环氧树脂（保护碳纤维和玻璃纤维并使瓶体表面光洁美观）四层结构组成，如图 2-15 所示。碳纤维气瓶具有质量小、不会发生脆性爆炸等特点。气瓶额定工作压力通常为 30MPa。

瓶阀起开关作用。瓶阀上装有安全膜片，当气瓶内压力过高（37～45MPa）时自动卸压，可防止由于瓶内压力过高引起气瓶爆裂，避免人员伤亡。

（2）减压器总成

减压器的主要作用是将高压气体的压力由高压降至中压，并保证向供气阀输出气体的流量和压力稳定。减压器总成主要由减压器、中压安全阀、余气报警

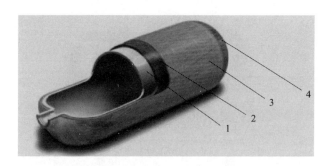

图 2-15　碳纤维气瓶结构

1—铝合金内胆；2—碳纤维；3—玻璃纤维；4—环氧树脂

器、压力显示装置、中压导气管（带胸前他救和互救接口）和高压导气管等组成，如图 2-16 所示。

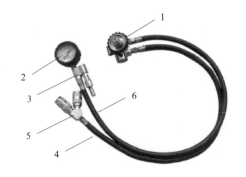

图 2-16　减压器总成

1—减压器；2—压力显示装置；3—余气报警器；4—中压导气管；

5—中压安全阀；6—高压导气管

（3）供气阀总成

供气阀总成主要由供气插口、外壳、手动强制供气按钮、手动关闭按钮、进气软管等组成。供气阀的作用是将减压器输出的中压气体再次减压至人体适宜呼吸的压力，实现按需供气及保持正压。供气阀的正压结构能够保证面罩内的压力始终处于正压状态。

（4）面罩总成

面罩是用来罩住脸部，形成有效密封，防止有毒有害气体进入人体呼吸系统的装置。面罩总成主要由呼气阀、面罩接口、视窗镜片、面框、挂带、传声器、吸气阀和口鼻罩等组成，如图 2-17 所示。

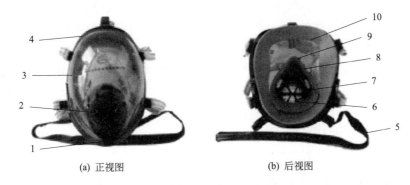

(a) 正视图　　　　　　　　　　(b) 后视图

图 2-17　面罩总成

1—呼气阀；2—面罩接口；3—视窗镜片；4—面框；5—挂带；6—传声器；

7—吸气阀；8—口鼻罩；9—头罩；10—密合框

① 呼气阀。使用者呼气时，面罩内压力升高克服呼气阀的弹簧力，阀门打开，使人体呼出的气体排入大气。

② 面罩接口。面罩接口是面罩与供气阀相连接的接口，应保证气密。

③ 视窗镜片。视窗镜片由高强度聚碳酸酯材料注塑而成，外表面经硬化处理，耐冲击，应保证高透光率，不失真。

④ 面框。面框由高强度阻燃塑料注塑而成，用于固定视窗镜片及密合框。

⑤ 传声器。传声器为金属机械膜片，用于将面罩内部的声音传递到外界。

⑥ 吸气阀。当使用者吸气时，吸气阀开启，新鲜空气进入口鼻罩；当使用者呼气时，吸气阀关闭，使用者呼出的气体由呼气阀排入大气。吸气阀丢失，易导致面罩结雾。

⑦ 口鼻罩。口鼻罩应与使用者的口鼻良好吻合，可减小实际有害空间，防止视窗上雾。由供气阀输送来的新鲜空气首先冲刷视窗，达到除雾目的。

⑧ 头罩。头罩用于固定面罩，确保其与使用者脸部的密封。

⑨ 密合框。密合框用于保证面罩与使用者脸部的密封，设计应符合我国成年人的脸型特征，确保柔软舒适、贴合紧密、无明显压痛感。

（5）背架总成

背架总成由背板、减压器安装支架、腰垫、腰带、拉带、气瓶绑带和肩带等组成，用于安装气瓶总成和减压器总成。背架采用阻燃材料加工而成，形状适合人体背部曲线特征，肩带和腰带上装有快速收紧自锁和放松装置，通过拉带和腰带快速调节合适的佩戴位置。

3. 操作使用

（1）使用前检查

① 检查气瓶压力及系统气密性。逆时针方向完全打开瓶阀，如发现有气体

从供气阀中流出，按下供气阀上的手动关闭按钮，气流应停止。30s后，观察压力表的读数，气瓶内空气压力应不小于24MPa。顺时针方向关闭气瓶阀，继续观察压力表读数 1min，压力降低不应超过 0.5MPa，且不持续降低。

② 检查余气报警器。气密性检查完毕后，用手捂住供气阀出气口，按下供气阀上的手动强制供气按钮，然后将手慢慢地放开，缓慢释放系统管路中的余气，当高压管路内压力降到 5.5MPa±0.5MPa 时，警报器应启鸣报警，并持续15s 以上。如警报器不能正常报警，则该空气呼吸器应暂停使用，并作好标记等待修理。

③ 检查气瓶绑带是否收紧。用手沿气瓶轴向上下拨动气瓶绑带，气瓶绑带应不易在气瓶上移动。如未收紧，应重新调节气瓶绑带的长度，将其收紧。

（2）佩戴使用

① 空气呼吸器佩戴后，调节拉带、腰带，以合身、牢靠、舒适为宜，使臀部承重。

② 佩戴面罩并检查面罩佩戴的密封性。方法是用手掌心捂住面罩接口处，深吸气并屏住呼吸 5s，应感到面窗始终向脸部贴紧，否则需重新收紧头带或调整面罩的佩戴位置。

③ 将供气阀快插接头公端与减压器中压导气管快插接头母端连接。

④ 按下供气阀的手动关闭按钮，逆时针方向完全打开瓶阀。

⑤ 将供气阀供气插口插入面罩接口，并确保连接牢固可靠。深吸一口气，供气阀应被吸开，吸气和呼气都应舒畅，无不适感觉。

使用过程中应随时观察压力表，注意警报器发出的报警信号，当听到报警声时应立即撤离现场。

（3）使用后处理

① 检查呼吸器有无磨损或老化的橡胶件、磨损或松弛的头罩织带或损坏件。

② 使用制造商推荐的清洁剂和消毒剂，清洗、消毒面罩。在温水中（最高温度40℃）加入中性肥皂液或清洁剂（如：餐具用洗洁剂），洗涤后用净水彻底冲洗干净。用海绵或软布蘸制造商推荐的消毒剂擦洗面罩，进行消毒。消毒后，用饮用水彻底清洗面罩，然后晃动面罩，甩干残留水分后，用干净的软布擦干，或用压力小于 0.2MPa 的空气轻轻吹干。

③ 清洗供气阀。先按下手动关闭按钮，用海绵或软布将供气阀外表面明显的污物擦拭干净，再擦洗供气阀接口，然后从供气阀的出气口检查供气阀内部。如果已经变脏，应请被授权的专业人员来清洗。清洗后，晃动供气阀，甩干残留水分，最后用压力不超过 0.2MPa 的空气彻底吹干。洗涤时不要将供气阀直接浸入溶液中或水中，定期在供气阀的密封垫圈上均匀涂抹少许硅脂，可使供气阀更容易地安装在面罩上。

④ 压力低于 24MPa 的气瓶，应尽快充气。

⑤ 按执勤前的准备工作要求，对呼吸器进行检测。检测的项目包括：整机气密性能、动态呼吸阻力、静态压力、警报器性能。

（4）注意事项

① 执勤空气呼吸器宜固定在消防车专用托架上，面罩应放置在保护套内，并保证在存放和运输过程中固定牢固，不受磕碰和污染。

② 应与消防头盔、消防手套、消防员灭火防护靴、消防员灭火防护服等个人防护装备配套使用。

③ 使用过程中因碰撞或其他原因造成面罩移位时，应屏住呼吸，及时将面罩复位；当视窗结雾时，可深吸气或按下手动强制供气按钮除雾。

④ 严禁在地面拖动空气呼吸器等导致气瓶和面罩磨损的动作。

4. 维护保养

（1）定期检查

备用的正压式消防空气呼吸器，必须每周进行检查，确保呼吸器在需要使用时能正常工作。如果发现有任何故障，必须将其单独存放，并作好标记以便被授权人员进行修理。检查内容应按以下步骤进行。

① 目检各部件是否完整及连接是否正确，整套呼吸器有无磨损或老化的橡胶件，有无磨损或松弛的织带和损坏的零部件。

② 检查气瓶最近的水压试验日期，确认该气瓶是否在有效使用期内。如果已超过使用期，应立即停止使用该气瓶并作好标记，由被授权人员进行水压测试，测试合格后方可再使用。

③ 检查气瓶上是否有物理损伤，如凹痕、凸起、划痕或裂纹等；是否有高温或过火对气瓶造成的热损伤，如油漆变成棕色或黑色、字迹烧焦或消失、压力表盘熔化或损坏；是否有酸或其他腐蚀性化学物品形成的化学损伤痕迹，如缠绕外层的脱落等。

若发现有以上情况，则不应再使用该气瓶，而应完全放空气瓶内的压缩空气，并作好标记，等待被授权人员处理。

④ 如气瓶压力低于 24MPa，则应换上一个充满压缩空气的气瓶（不低于 29MPa）。

⑤ 检查手轮是否与瓶阀出口拧紧。

（2）定期测试

至少每年由被授权的人员对呼吸器进行一次整机校验，在使用频率高或使用条件比较恶劣时，则应缩短定期测试的时间间隔。

与呼吸器配套使用的气瓶，必须通过由国家质量技术监督局授权的检验机构进行的定期检验与评定。性能测试的项目包括整机气密性能、动态呼吸阻力、静态压力、警报器性能、减压器性能、安全阀性能。

第五节
灭火主战车辆

石油产品储罐器储存物料的特殊性，造成其火灾发生时危险性大，火焰温度高、热辐射强，容易发生沸溢和喷溅，当储罐损坏后还极易造成大面积流淌火。

储罐周围安装的固定灭火设施可以有效地扑灭油罐火灾的初期状态，但当火灾到达发展阶段，大部分固定消防设施会受到损坏，此时就需要消防人员使用移动消防设备进行灭火救援行动。其中在石化火灾中使用较为广泛的移动灭火装备有泡沫消防车、举高喷射消防车以及大流量水炮和远程供水系统等。

一、泡沫消防车

泡沫消防车指装配有水泵、泡沫液罐、水罐以及成套的泡沫混合和产生系统，可喷射泡沫扑救易燃、可燃液体火灾，以泡沫灭火为主，以水灭火为辅的灭火战斗车辆。泡沫消防车是在水罐消防车的基础上通过设置泡沫灭火系统改进而成的，具有水罐消防车的水力系统及主要设备，根据泡沫混合的不同类型分别设置泡沫液罐、空气泡沫比例混合器、压力平衡阀、泡沫液泵，泡沫枪炮等。

1. 结构组成

我国泡沫消防车多采用国产汽车底盘改装而成，除保持原车底盘外，车上装备了较大容量的水罐、泡沫液罐，水泵、水枪及成套泡沫设备和其他消防器材。泡沫消防车特别适用于扑救石油及其产品等易燃液体火灾，既可独立扑救火灾，也可向火场供水和供泡沫混合液。

泡沫消防车主要由乘员室、车厢、泵及传动系统、泡沫比例混合装置、空气泡沫-水两用炮及其他附加装置组成。泡沫比例混合装置根据空气比例混合系统的形式来确定，主要由泡沫比例混合器、压力水管路、泡沫液进出管路及球阀等组成。消防管路用不同颜色区分，消防泵进水管路及水罐至消防泵的输水管路应为国标规定的深绿色，泡沫罐与泡沫液泵或泡沫比例混合器的输液管路应为规定的深黄色，消防泵出水管路应为规定的大红色。泡沫消防车配备器材与水罐消防车基本相同。

（1）空气泡沫比例混合系统

泡沫比例混合系统用于泡沫灭火时，水和泡沫液按一定的比例（97：3、94：6）混合，并由水泵将混合液送至泡沫发生装置。

空气泡沫比例混合系统有多种布置形式，基本上分为两类，第一类是出口侧混合方式；第二类是进口侧混合方式。

（2）预混合系统

预混合系统是预先将泡沫液和水按一定的比例混合好，优点是结构简单，比例准确；缺点是不能喷水、喷泡沫两用，而且只适用于轻水泡沫。因为普通蛋白泡沫和氟蛋白泡沫不能长期与水预混合。

（3）线形比例混合系统

线形比例混合系统的原理如图 2-18 所示。在消防泵与车辆出水口之间设置文丘里管（缩放喷管），利用水流流过收缩部位所产生的真空度吸入泡沫原液，获得给定比例的空气泡沫混合液。移动式线形比例混合器，通常安装在水带连接处。这种设计结构比较简单，故障少，造价便宜。但是，因为管路向出口端收缩，压力损失大，且吸入量和送水量都受到限制，枪、炮进口的压力较低。

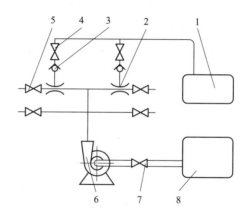

图 2-18　线形比例混合系统原理图

1—泡沫液罐；2—文丘里管；3—单向阀；4—泡沫液罐出液阀；

5—泡沫混合液输出管路；6—水泵；7—进水阀；8—水罐

（4）环泵式比例混合系统

环泵式比例混合系统在国产泡沫消防车上得到了广泛应用，其工作原理如图 2-19 所示。

如图 2-19 所示从水泵的出水管上引出一路压力水，通过一只泡沫比例混合器，在它的收缩部位造成真空（实际也就是喷射泵，文丘里管原理），此处经管道与泡沫液罐相连接，泡沫液在大气压作用下进入混合器。泡沫液的流量由混合器调节阀（计量器）控制，指针对着某一数字，表示有相应流量的泡沫液参加混合。在泡沫比例混合器出液管中首先制成 20%～30% 比例的浓混合液，再将这种浓度的混合液送入泵的进水管，进而使泵出水管路中的混合液浓度达到规定的混合比例。

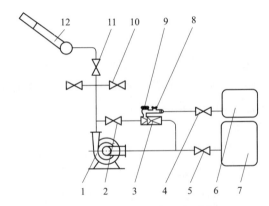

图 2-19　环泵式比例混合系统

1—水泵；2—混合器进水阀；3—泡沫比例混合器；4—混合器进液阀；5—水泵进水阀；

6—泡沫液罐；7—水罐；8—吸液阀盖；9—混合器调节阀；10—出水、液阀；

11—泡沫炮出水、液阀；12—水-泡沫炮

　　这种泡沫比例混合器结构简单，故障少，造价低，采用刚性泡沫容器。与线形比例混合系统相比可以获得较大的流量和压力，但为了吸取泡沫液，必须使水泵先正常工作。此外，进水口不能直接使用压力水源，适宜于使用天然水源或将压力水先注入水罐。

　　（5）自动压力平衡式比例混合系统

　　自动压力平衡式比例混合系统是将空气泡沫原液强制地压入水中形成混合液的混合方式。它有依靠出水压力压送和采用专用泡沫液泵压送两种方式。目前采用正压式自动比例混合系统的泡沫消防车，多数使用泡沫液泵压送方式。这种方式对精确监测和控制的要求高，优点是比例控制精确，缺点是造价高，高端泡沫消防车应用较多。

　　（6）空气泡沫-水两用炮

　　空气泡沫-水两用炮，只有一个炮筒，既可喷射水，又可喷射泡沫灭火。

　　PP48 型空气泡沫-水两用炮主要由炮筒、多孔板、吸气室、导流片、喷嘴、俯仰手轮及回转手轮等组成，水平回转 360°，俯仰 70°（最有利的射角为 30°～50°），喷射泡沫射程可达 65m 以上，喷射水射程可达 70m 以上。

　　空气泡沫消防车的其他结构和装置与水罐消防车大体相似，不同的是在附加电气系统中增加了泡沫液位指示器线路。

　　（7）泡沫液罐

　　泡沫液罐的构造与水罐基本相同，容积小于水罐。由于泡沫液的腐蚀性很强，国外一般采用含镍、铬的不锈钢制造，也有完全采用 PP 高分子抗腐材料或玻璃钢加强塑料制造。国内也有使用玻璃钢罐体的例子，或在普通钢板罐的内壁覆贴玻璃钢，效果较好。

罐顶设有人孔，便于人员出入维修。有些泡沫消防车在水罐与泡沫液罐之间有可拆卸的连通孔盖，根据需要可全部装水，变成一般的水罐车。两罐均装有液位指示器。

（8）配备的工具、附件

泡沫消防车配备的工具、附件应符合相关行业标准的规定。用户可根据本区域的灭火战术特点向厂方提出选配要求，双方要严格遵守车辆的安全技术规范，特别是超重、超尺寸、重心、轴荷等方面要务必高度重视。

2．案例和用途

（1）案例介绍

2015 年 4 月 6 日 18 时 56 分，福建漳州古雷石化基地腾龙芳烃厂区二甲苯塔漏油着火，引发中间罐区 3 个储罐发生爆燃事故。事故发生后公安部、福建省两级救援指挥部门全力协调指挥，漳州市政府组织安监、消防等相关部门，调集漳州市区及漳浦等周边消防力量共 78 辆消防车赶往扑救，并从厦门、泉州、龙岩等地调用特种消防车辆赶往现场。整个救援行动持续近 60h，出动消防车辆 250 余部，消防官兵 1084 名，火灾扑救过程中共使用泡沫消防车 80 余辆，喷射泡沫 1212t，对此次灭火行动的成功起到至关重要的作用。

（2）用途分析

根据对车辆结构和案例的分析可以得出泡沫消防车的最核心作用就是在石化火灾现场向一定区域喷射泡沫灭火剂，来进行灭火作业。

二、举高喷射消防车

1．结构组成

举高喷射消防车主要由底盘、取力装置、副车架、支腿系统、转台、臂架、工作斗、消防系统、液压系统、电气系统、安全系统和应急系统等组成，如图 2-20 所示。

图 2-20　举高喷射消防车

（1）底盘

底盘的主要功用是将消防车各总成和部件连成一个整体，并支承全车重量。举高喷射消防车上所用的液压油泵、水泵和电气系统等装置的动力均由底盘发动机提供。举高喷射消防车底盘只在车辆停车和行驶时才承载包括臂架在内的整车重量，而在支腿和臂架展开后，不承受工作载荷。

（2）取力装置

举高喷射消防车的液压泵和水泵的运转是利用取力器取自发动机动力。目前举高喷射消防车上广泛采用的取力装置主要为夹心式、断轴式与侧盖式同时取力的方式，也就是同时带有 2 套取力系统。其中夹心式或断轴式取力用于驱动水泵，变速箱侧盖式取力器用于驱动液压泵。

（3）副车架

副车架是安装在消防车底盘大梁上的附加车架，如图 2-21 所示。副车架主要有两个作用：一是布置和承载上车全部构件；二是在作业时起支撑作用，保证作业时整车平衡、可靠。作业时副车架由四个支腿撑起，承受着整车的质量和所有外载负荷，保证整车在 360°范围内的任何工作位置作业都是安全的。

图 2-21　副车架

（4）支腿系统

举高喷射消防车一般使用 H 形支腿，如图 2-22 所示。

图 2-22　H 形支腿

　　支腿系统包括水平支腿、垂直支腿和支腿操作台，是举高喷射消防车作业时的支撑，承载整车重量及上车力矩，保证整车的稳定作业。水平支腿通过水平油缸外伸实现支腿的扩伸，从而增大支撑面积，提高作业范围和作业稳定性；垂直支腿则通过垂直油缸的升起而支起整车，保证上装水平和确保整车与地面的稳定接触，减小由于轮胎变形对整车稳定性产生的不利影响。举高喷射消防车每个支腿都可以进行单独调整，以利于整车在不平的场地进行可靠调平。

　　支腿的操作控制台通常位于消防车的后部，主要对下车支腿系统所有动作进行控制，但不仅限于控制水平支腿伸缩和垂直支腿升降的支腿系统作业、操作人员还可以通过操作操纵杆或动作按钮，配合观察水平仪状态，实现整车启动、熄火、紧急停车、上下车动力切换以及工作斗调平等作业。

　　（5）转台

　　转台主要由台架、回转支承、回转驱动结构和操作台等部分组成，如图 2-23 所示。转台是承上启下的重要部件，向上通过销轴与臂架和变幅油缸连接，向下通过回转支承与副车架连接。操作台主要由座椅、显示屏、操作装置和对讲系统等组成。操作人员通过操作装置操控车辆动作，并由显示器显示车辆的运行信息；操作台上集成有对讲系统，能够实现操作台和工作斗上人员的对话交流，便于上下车操作人员之间的信息传递。

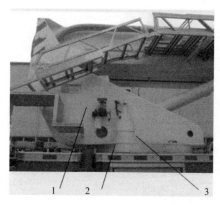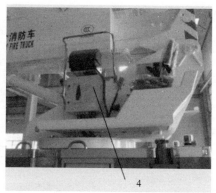

图 2-23　转台

1—台架；2—回转支承；3—回转驱动结构；4—操作台

　　（6）消防系统

　　举高喷射消防车消防系统主要由水泵系统、外供水接口、水罐、伸缩水管、各臂折弯处的软管、消防炮、水带接口和自保喷头等组成。

　　举高喷射消防车配置有水泵，通过外吸水、罐引水或正压供水的形式，向工作斗内的消防炮或其他出口提供灭火剂。举高喷射消防车的水泵一般布置在车辆中部，由操作仪表板控制。如果工作高度较高的举高喷射消防车未配置水泵，那么相对于工作高度较低的车辆，其需要的外供水压力更大，对于外供水的水泵、水带、接口等装置的要求也就更高。为避免外供水压力过大，以及外供水意外中断产生的水锤作用严重损害水路及臂架结构，规定最大工作高度不小于 50m 的举高喷射消防车必须配置水泵。

外供水接口一般位于车辆的后部，根据消防炮的流量来确定外供水管路的尺寸。外部压力水或其他灭火剂通过水带连接外供水接口，沿外供水管路向上直接输送，不经过消防水泵的出水管路，此时车辆自身的消防水泵不工作。由于外供水的压力一般较高，通常采用耐压级别更高的快插式水带接口。

部分举高喷射消防车配置有液罐，通常位于泵室后部，包括水罐及泡沫液罐，具体可参考泡沫消防车。

伸缩水管为套筒伸缩式，与伸缩臂同步伸缩。各臂折弯处的水管一般采用不锈钢软管或橡胶胶管，从而使消防水管在臂架伸缩及变幅时也能够正常工作。

消防炮通常安装在工作斗前部，部分车辆安装在工作斗侧面，采用电动或液压方式进行驱动，由操作台及工作斗内的操作台进行回转、俯仰以及直流开花的调节。

工作斗内消防炮管路上通常还分出一支供水水带接口，接口前部设置有手动阀门，当需要时可连接水带进行高空向外输送灭火剂。工作斗下部一般还设有自保喷头。

举高喷射消防车消防系统原理如图 2-24 所示。

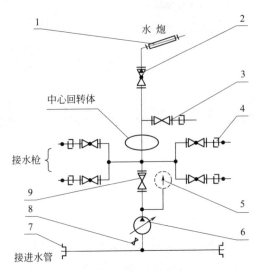

图 2-24 消防系统原理图

1—水炮；2—水炮球阀；3—工作斗出水接口；4—下车出水接口；5—压力表；
6—水泵；7—外供水接口；8—放水球阀；9—止回阀

（7）液压系统

举高喷射消防车液压系统主要包括下车液压系统和上车液压系统两部分，如图 2-20 所示。下车液压系统主要包括四个水平支腿的伸缩和四个垂直支腿的升降。四个水平油缸，用来水平伸缩支腿，确定了上车臂架的安全工作范围。四个垂直油缸，用来垂直伸出支脚，将整车支承起来，保证上车动作时车辆的稳定。上车液压系统主要实现转台回转、臂架变幅、臂架伸缩和工作斗调平等动作。

（8）电气控制系统

① 下车电路。举高喷射消防车底盘电路主要包括取力器控制、水泵电气控制、照明电路、发动机启停、发动机转速控制、支腿系统控制、主操作及显示电路、应急操作电路及其他电气等。

② 上车电路。举高喷射消防车的上车电路主要包括电气旋转接头、发动机远程启停电路、发动机转速控制、臂架的控制及显示电路、安全限位系统、工作斗调平电路、应急操作电路、消防炮控制电路、通信电路、风速感应及显示电路等。

2. 案例和用途

（1）应用示例

2005 年 11 月 13 日 13 时 30 分，中国石油吉林石化公司双苯厂苯胺二车间发生爆炸，造成生产装置严重损坏和大面积燃烧，方圆 2km 范围内的建筑物玻璃全部破碎，10km 范围内有明显震感。吉林消防支队调集 5 个大队。共 87 台消防车，467 名消防救援人员，经过近 40h 的奋力扑救，将大火完全扑灭，火灾现场动用 3 辆举高喷射消防车从车间顶部之间向着火点喷射灭火剂，有效地避免了救援人员近距离接触苯类物质的问题，同时加速火灾的扑救工作。

（2）功能介绍

配备有折叠式臂架或复合式臂架、固定供水系统及强大的操作控制系统。只有灭火功能而无法用于营救火场受困人员、抢救贵重物资等。在扑救高层建筑、高大厂房、高架仓库、石油化工的高大装置、大型油罐及大面积火灾时，举高喷消防车具有独特的优势。

第六节
固定灭火设施

石油化工行业生产是一种高危险性行业，一旦发生火灾、爆炸事故，往往造成较大的人员伤亡和财产损失。近年来随着石油化工行业的高速发展，石油化工企业数量的增长、规模的扩大，火灾事故发生频率不断增加，储罐配备的固定式消防系统是扑灭初期储罐火灾的最优先手段。

固定式消防灭火系统是安装在储罐内部或周围的固定灭火设备，能快速准确地发现火灾信息，迅速有效扑灭火灾，在火灾事故中起到重要的作用。泡沫灭火系统、固定式消防炮灭火系统对于区域性火灾灭火具有较大的威力。

一、防火堤

地上储罐进料时冒罐或储罐发生爆炸破裂事故，液体会流到储罐外，如果没有防火堤，液体就会到处流淌，如果发生火灾还会形成大面积流淌火。为避免此类事故，根据《储罐区防火堤设计规范》（GB 50351—2014）和《石油库设计规范》（GB 50074—2014），地上储罐应设防火堤，防火堤内的有效容量不应小于罐组内一个最大储罐的容量。

固定顶油罐，油品装满半罐的油罐如果发生爆炸，大部分是炸开罐顶。因为罐顶强度相对较小，且油气聚集在液面以上，一旦起火爆炸，掀开罐顶的很多，而罐底罐壁则能保持完好。根据有关资料介绍，在 19 起油罐火灾导致油罐破坏事故中，有 18 起是破坏罐顶的，只有一次是爆炸后撕裂罐底的（原因是罐的中心柱与罐底板焊死）。另外在一个罐组内，同时发生一个以上的油罐破裂事故的概率极小。因此，规定油罐组防火堤内的有效容积不小于罐组内一个最大油罐的容积是合适的。

虽然国内外火灾事故实例中，尚未出现过浮顶油罐罐底破裂的事故，但一旦发生此类重大事故，产生的大量泄漏可燃液体不仅会对周围设施产生火灾事故威胁，对周围环境也将产生重大污染及影响。因此，《石油库设计规范》将浮顶、内浮顶油罐防火堤内有效容积改为油罐组内一个最大油罐的容积，以将可能泄漏的大量可燃液体控制在防火堤内。

单罐容量小于 5000m³ 时，隔堤内油罐数量不应多于 6 座；单罐容量等于或大于 5000m³ 且小于 20000m³ 时，隔堤内油罐数量不应多于 4 座；单罐容量等于或大于 20000m³ 且小于 50000m³ 时，隔堤内油罐数量不应多于 2 座；单罐容量等于或大于 50000m³ 时，隔堤内油罐数量不应多于 1 座；沸溢性油品油罐，隔堤内储罐数量不应多于 2 座；非沸溢性丙 B 类油品油罐，隔堤内储罐数量可不受以上限制，并可根据具体情况进行设置；立式油罐组内隔堤高度宜为 0.5～0.8m，卧式油罐组内隔堤高度宜为 0.3m。

二、消防给水系统

消防冷却水在扑救储罐火灾中，占有特别重要的地位。水的供应能否充足和及时，决定着灭火的成败，这已为大量的火灾案例所证实。因此，保证充足的水源是灭火成功的关键。

容量大于或等于 3000m³ 或罐壁高度大于或等于 15m 的地上立式储罐，应设固定式消防冷却水系统。容量小于 $3000m^3$ 且罐壁高度小于 $15m$ 的地上立式储罐以及其他储罐，可设移动式消防冷却水系统。五级石油库的立式储罐采用烟雾灭火或超细干粉等灭火设施时，可不设消防给水系统。

特级石油库的储罐计算总容量大于或等于 $2400000m^3$ 时，其消防用水量应为同时扑救消防设置要求最高的一个原油储罐和扑救消防设置要求最高的一个非原油储罐火灾所需配置泡沫用水量和冷却储罐最大用水量的总和。其他级别石油库储罐区的消防用水量，应为扑救消防设置要求最高的一个储罐火灾配置泡沫用水量和冷却储罐所需最大用水量的总和。

1. 冷却范围

① 着火的地上固定顶储罐以及距该储罐罐壁不大于 $1.5D$（D 为着火储罐直径）范围内相邻的地上储罐，均应冷却。当相邻的地上储罐超过 3 座时，可按其中较大的 3 座相邻储罐计算冷却水量。

② 着火的外浮顶、内浮顶储罐应冷却，其相邻储罐可不冷却。当着火的内浮顶储罐浮盘用易熔材料制作时，其相邻储罐也应冷却。

③ 着火的地上卧式储罐应冷却，距着火罐直径与长度之和 $1/2$ 范围内的相邻罐也应冷却。

④ 着火的覆土储罐及其相邻的覆土储罐可不冷却，但应考虑灭火时的保护用水量（指人身掩护和冷却地面及储罐附件的水量）。

2. 供给强度

地上立式储罐消防冷却水供水范围和供给强度，不应小于表 2-8 的规定。

表 2-8　地上立式储罐消防冷却水供水范围和供给强度

储罐及消防冷却型式			供水范围	供给强度	附　注
移动式水枪冷却	着火罐	固定顶罐	罐周全长	$0.6(0.8)L/(s\cdot m)$	—
		外浮顶罐内浮顶罐	罐周全长	$0.45(0.6)L/(s\cdot m)$	浮顶用易熔材料制作的内浮顶罐按固定顶罐计算
	相邻罐	不保温	罐周全长	$0.35(0.5)L/(s\cdot m)$	—
		保温		$0.2L/(s\cdot m)$	
固定冷却	着火罐	固定顶罐	罐壁外表面积	$2.5L/(min\cdot m^2)$	—
		外浮顶罐内浮顶罐	罐壁外表面积	$2.0L/(min\cdot m^2)$	浮顶用易熔材料制作的内浮顶罐按固定顶罐计算
	相邻罐		罐壁外表面积的 $1/2$	$2.0L/(min\cdot m^2)$	按实际冷却面积计算，但不得小于罐壁表面积的 $1/2$

注：1. 移动式水枪冷却栏中，供给强度是按使用 $\phi16mm$ 口径水枪确定的，括号内数据为使用 $\phi19mm$ 口径水枪时的数据。

2. 着火罐单支水枪保护范围：$\phi16mm$ 口径为 $8\sim10m$，$\phi19mm$ 口径为 $9\sim11m$；邻近罐单支水枪保护范围：$\phi16mm$ 口径为 $14\sim20m$，$\phi19mm$ 口径为 $15\sim25m$。

覆土立式油罐的保护用水供给强度不应小于 $0.3L/(s \cdot m^2)$，用水量计算长度应为最大储罐的周长。当计算用水量小于 15L/s 时，应按不小于 15L/s 计算。

着火的地上卧式储罐的消防冷却水供给强度不应小于 $6L/(min \cdot m^2)$，其相邻储罐的消防冷却水供给强度不应小于 $3L/(min \cdot m^2)$。冷却面积应按储罐投影面积计算。

覆土卧式油罐的保护用水供给强度，应按同时使用不少于 2 支移动水枪计，且不应小于 15L/s。

3. 冷却时间

直径大于 20m 的地上固定顶储罐和直径大于 20m 的浮盘用易熔材料制作的内浮顶储罐冷却时间不应少于 9h，其他地上立式储罐不应少于 6h。覆土立式油罐不应少于 4h。卧式储罐、铁路罐车和汽车罐车装卸设施不应少于 2h。

移动式消防冷却水系统的消火栓设置数量，应按储罐冷却灭火所需消防水量及消火栓保护半径确定。消火栓的保护半径不应大于 120m，且距着火罐罐壁 15m 内的消火栓不应计算在内。储罐固定式消防冷却水系统所设置的消火栓间距不应大于 60m。寒冷地区消防水管道上设置的消火栓应有防冻、放空措施。

三、泡沫灭火系统

1. 外浮顶储罐固定泡沫灭火设施

外浮顶储罐固定消防设施有：围绕罐体的冷却喷淋盘管及喷头、测量平台处泡沫二分水、固定泡沫灭火系统（泡沫管线及泡沫产生器、泡沫分配阀、半固定泡沫接头）等。

固定泡沫灭火系统又分为：罐壁式泡沫灭火系统和浮盘边缘式泡沫灭火系统两种。如图 2-25 所示，罐壁式泡沫灭火系统是指泡沫产生器安装在罐壁的灭火系统。固定或半固定泡沫灭火系统启动时，泡沫混合液经泡沫产生器产生泡沫，泡沫经导流罩沿内罐壁流入环形泡沫堰板后，流动覆盖进行灭火。

图 2-25　罐壁式泡沫灭火系统

1—泡沫产生器；2—泡沫导流板

需要指出的是，罐壁式应选择横式泡沫产生器，横式泡沫产生器应安装至外罐壁下沿35～40cm处，如图2-26所示，否则在火灾时下风向泡沫产生器受热烟气影响无法产生泡沫或泡沫产生效果较差。图2-26（b）所示的泡沫产生器就是一种错误的安装方式。此外导流罩底部应呈梯形，有利于泡沫沿内罐壁导流。在处置时，指挥员应根据泡沫产生器安装形式，综合研判泡沫产生效果，避免贻误登罐战机。正确的泡沫产生器、导流罩安装形式如图2-26（a）所示。

(a)　　　　　　　　　　　　　　　　　　(b)

图 2-26　正确的泡沫产生器、导流板安装形式

浮盘边缘式泡沫灭火系统是泡沫产生器安装在浮盘上，泡沫混合液经浮盘下部升降式泡沫软管分配至各个泡沫产生器，产生泡沫流入泡沫堰板内进行灭火。泡沫产生器随着浮盘的上升或下降而升降，从泡沫导流管内产生的泡沫到达着火点的时间要比罐壁式短，受到的热辐射、风力、液位等其他影响因素影响要小，如图2-27所示。

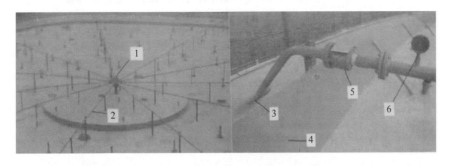

图 2-27　浮盘边缘式泡沫灭火系统

1—泡沫混合液中央分配管；2—泡沫混合液输送管；3—泡沫导流管；4—泡沫挡板；

5—横式泡沫产生器；6—分配管测试压力表

　　罐壁式泡沫灭火系统的优点是满液位时泡沫很快形成覆盖层，成本低、维护保养方便。缺点是半液位或者是低液位时，泡沫容易被紊流卷走，容易被热辐射破坏，无法有效覆盖灭火。

　　浮盘边缘式泡沫灭火系统的优点是不受液位影响，泡沫能快速在挡板内形成覆盖层进行灭火，灭火效率较高。缺点是升降式泡沫软管一旦出现腐蚀、损坏等情况，需要整个储罐停用才可以进行检修，维护保养成本较高。

　　利用半固定泡沫灭火系统注入泡沫时，除要按照规程、注意事项外，还要根据外浮顶罐泡沫产生器数量正确选用泵流量符合要求的泡沫消防车。例如：储量为 15 万立方米的外浮顶储罐泡沫产生器为 14 个，每个泡沫产生器流量 8L/s，混合液总需求量 112L/s。因此应选择泵流量大于 100L/s 的泡沫消防车，满足扬程、流量、流速要求，提高利用半固定泡沫灭火设施灭火效能。

　　受动力源、设备故障等因素影响，固定、半固定泡沫系统不能启动灭火时，指挥员必须在外浮顶密封圈初期火灾阶段，实施科学研判，果断决策，立即实施等储罐灭火作战行动。外浮顶储罐测量平台如图 2-28 所示。

图 2-28　外浮顶储罐测量平台示意图

1—雷达液位计；2—消防器材箱

2. 内浮顶储罐固定泡沫灭火设施

　　内浮顶储罐的固定消防设施主要有：围绕罐体的固定水喷淋系统，固定、半固定泡沫灭火系统等。

　　钢制浮盘内浮顶储罐的固定消防设施主要有固定喷淋系统和固定、半固定泡沫灭火系统，如图 2-29 所示。

　　钢制浮盘泡沫灭火系统的设计原理与外浮顶储罐相似，基于密封圈环形火灾计算泡沫用量，泡沫产生器与外浮顶储罐不同，主要为立式泡沫产生器。设置有

图 2-29　钢制浮盘内浮顶储罐固定消防设施
1—水喷淋盘管及喷头；2—泡沫管线；3—立式泡沫产生器

泡沫缓冲罩、泡沫堰板，确保注入储罐的泡沫能有效覆盖密封圈。

（1）泡沫缓冲罩

泡沫缓冲罩安装于内罐壁上部，包括连接板、泡沫入口、进口管、泡沫导流板、缓冲网和侧板。缓冲罩连接板上的泡沫入口与泡沫产生器出口相连，产生的泡沫进入进口管后，沿着导流板调整流动方向，使泡沫调整为面向罐壁喷射；缓冲罩侧方由侧板焊接密封，防止泡沫由两侧流出；然后泡沫通过缓冲网，降低其动量后喷出，喷出的泡沫出口速度低，且直接喷射至罐壁上能够沿着罐壁缓慢流下，确保注入泡沫不因压力直接冲向浮盘，均匀覆盖至泡沫堰板内也能防止泡沫破裂影响灭火性能。

泡沫缓冲罩既可以用于普通泡沫的释放、也可以用于抗融泡沫的释放，既可以用于固定顶储罐，也可以用于内浮顶储罐。具体结构如图 2-30 所示。

（2）泡沫降落槽与泡沫溜槽

当固定顶储罐储存水溶性介质时，泡沫导流装置为泡沫降落槽或泡沫溜槽。泡沫降落槽是水溶性液体储罐内安装的泡沫缓冲装置的一种。因为水溶性液体都是极性溶剂，如醇、酯、醚、酮类等，它们的分子排列有序，能夺取泡沫中的 OH^-、H^+，而使泡沫破坏，故必须用抗醇性泡沫液才能灭火，同时又要求泡沫平缓地布满整个液面，并且具有一定的厚度，所以要求设置缓冲装置以避免泡沫自高处跌落溶剂内，由于重力和冲击力造成的泡沫破裂，影响灭火。常用的泡沫降落槽尺寸是与泡沫产生器配套设计的。泡沫溜槽是在泡沫降落槽之后发展起

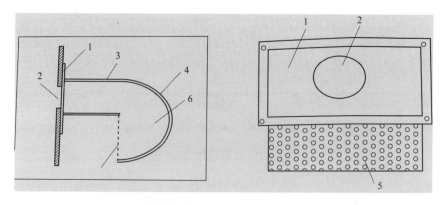

图 2-30　泡沫缓冲罩结构示意图

1—连接板；2—泡沫入口；3—进口管；4—泡沫导流板；5—缓冲网；6—侧板

来的，它的作用与泡沫降落槽相同，是只适用于储存水溶性介质的固定顶储罐，泡沫溜槽随着液面的上下升降而漂浮在液面上，如图 2-31 所示。

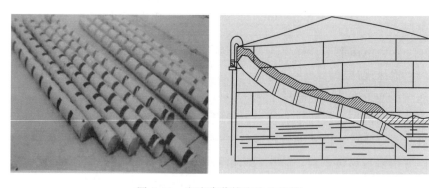

图 2-31　泡沫降落槽和泡沫溜槽

敞口隔仓式内浮顶储罐泡沫堰板如图 2-32 所示。

铝合金材质浮盘内浮顶储罐的固定消防设施主要有固定水喷淋盘管及喷头、固定、半固定泡沫灭火装置等。其泡沫灭火系统与外浮顶和钢制内浮顶均有所差别，其火灾防控理念基于固定顶储罐考虑（全液面火灾），浮盘不设泡沫堰板，但仍然设置泡沫缓冲罩，防止直接冲击浮盘。

3. 泡沫灭火系统设计规范

在《石油库设计规范》中，对易燃和可燃液体储罐灭火设施的设置进行了规定：

① 覆土卧式油罐和储存丙 B 类油品的覆土立式油罐，可不设泡沫灭火系统，但应按规范配置灭火器材。

② 设置泡沫灭火系统有困难，且无消防协作条件的四、五级石油库，当立式储罐不多于 5 座，甲 B 类和乙 A 类液体储罐单罐容量不大于 700m³，乙 B 和

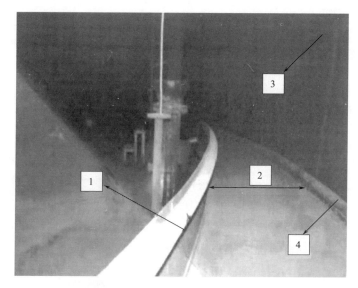

图 2-32　钢制浮盘内浮顶罐泡沫堰板图

1—泡沫堰板；2—泡沫覆盖层；3—内罐壁；4—囊式软密封

丙类液体储罐单罐容量不大于 2000m³ 时，可采用烟雾灭火方式；当甲 B 类和乙 A 类液体储罐单罐容量不大于 500m³，乙 B 类和丙类液体储罐单罐容量不大于 1000m³ 时，也可采用超细干粉等灭火方式。

③ 其他易燃和可燃液体储罐应设置泡沫灭火系统。

储罐泡沫灭火系统的设置类型，应符合下列规定：

① 地上固定顶储罐、内浮顶储罐和地上卧式储罐应设低倍数泡沫灭火系统或中倍数泡沫灭火系统。

② 外浮顶储罐、储存甲 B、乙和丙 A 类油品的覆土立式油罐，应设低倍数泡沫灭火系统。

储罐的泡沫灭火系统设置方式，应符合下列规定：

① 容量大于 500m³ 的水溶性液体地上立式储罐和容量大于 1000m³ 的其他甲 B、乙、丙 A 类易燃、可燃液体地上立式储罐，应采用固定式泡沫灭火系统。

② 容量小于或等于 500m³ 的水溶性液体地上立式储罐和容量小于或等于 1000m³ 的其他易燃、可燃液体地上立式储罐，可采用半固定式泡沫灭火系统。

③ 地上卧式储罐、覆土立式油罐、丙 B 类液体立式储罐和容量不大于 200m³ 的地上储罐，可采用移动式泡沫灭火系统。

储存甲 B、乙和丙 A 类油品的覆土立式油罐，应配备带泡沫枪的泡沫灭火系统，并应符合以下条件。

① 油罐直径小于或等于 20m 的覆土立式油罐，同时使用的泡沫枪数不应少

于 3 支。

② 油罐直径大于 20m 的覆土立式油罐，同时使用的泡沫枪数不应少于 4 支。

③ 每支泡沫枪的泡沫混合液流量不应小于 240L/min，连续供给时间不应小于 1h。

四、氮封系统

氮封系统是保障轻质油品内浮顶储罐安全运行的主要措施之一。由于采用浮筒结构，铝合金材质内浮顶储罐不可避免地在浮顶与油面之间形成一定高度的油气空间，如果油品流动产生静电，且浮顶与罐体之间产生电位差，放电产生火花，该空间就存在燃烧爆炸的可能性。氮封系统可以有效防止硫铁化合物自燃、雷击、静电或明火等引燃罐顶空间的可燃气体，同时也防止储存介质氧化聚合、外逸损耗等。内浮顶储罐罐前氮封系统如图 2-33 所示。

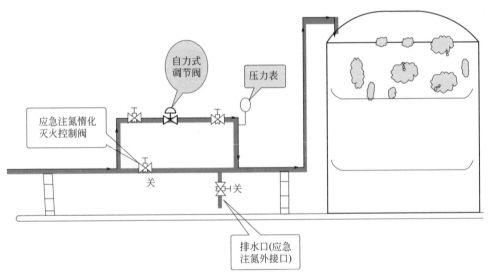

图 2-33　氮封系统原理图

氮封系统正常运行时为微正压，紧急情况时可加大氮气供给量或利用外接氮气源窒息灭火。氮封系统工作时，来自氮气输送管网的压力为 0.4MPa 氮气，经阀门控制后减为 0.2MPa，再经自力式调节阀减压至 0.09～0.117MPa 后进入罐内进行惰化保护，使得罐内保持微正压。遇紧急情况，需加大氮气供给量时，关闭上路阀门，打开下路阀门，使管网氮气未经调压直接进入罐内窒息灭火。此外，系统的排水口可利用外接软管接干粉车氮气瓶组或单个氮气罐，进行紧急注氮操作。需要指出的是，氮封系统在设计时应安装在罐体底部，一是防止火灾时罐体撕裂开口将氮气管线破坏，二是便于紧急情况下注氮惰化保护，但目前在我国普遍存在将氮封系统安装在顶部的情况。其原理如图 2-33 所示。

第三章　石油储罐火灾控制技术

由于储油种类、起火原因、储存方式和条件的不同，油罐火灾的模式和特点也不一样。如汽油、柴油、煤油等轻质油罐发生火灾后，燃烧速度快、火焰高、热辐射强，易引起相邻油罐及其他可燃物燃烧。原油等重质油储罐发生火灾后，易出现沸溢、喷溅。外浮顶油罐密封不严或浮盘破裂着火时，一般会在环形密封区形成稳定的燃烧模式。而对于内浮顶油罐，如果因操作失误或浮盘密封不严导致浮盘上部空间油气浓度达到爆炸范围时遇上点火源，一般会发生爆炸。如果在清罐过程中，罐内油品很少，可燃油气与空气的混合物遇到引火源发生爆炸后，没有燃料继续支持燃烧，则爆炸后一般不继续燃烧，即为只爆炸不燃烧的火灾模式，油罐火灾扑救一般需要调集大量的救援人员、装备和灭火剂，这种火灾模式易造成救援人员伤亡。研究油罐火灾模式，掌握其变化规律，对做好油库火灾预防和消防扑救具有十分重要的意义。

第一节
油罐火灾的发生过程

一、油罐火灾的典型模式

油罐发生火灾的特点为火焰温度高、辐射热强。由于储罐储量大，一旦发生火灾燃烧将会延续很长时间，燃烧快、温度高。根据国内外储罐的火灾爆炸事故案例分析，石油储罐典型火灾模式主要有以下 6 种情况。

1. 先爆炸后燃烧

对于固定顶油罐和部分内浮顶油罐，储罐内油气发生爆炸事故后，多数情况下罐顶会遭到破坏，罐内的油品被引燃，将形成稳定燃烧。油罐火灾大多数是先爆炸后燃烧，对罐体、罐顶及固定在罐体上的灭火装置破坏性极大。这种火灾模式，若不及时扑救，燃烧 5～10min 会造成罐壁变形或破裂直至坍塌。若罐内油品较多会造成大量泄漏，从而形成流淌火扩大火灾范围，更不利于扑救。

2. 先燃烧后爆炸

若罐顶某一孔着火（采光孔、裂缝、腐蚀穿孔或测量孔等），另有孔进气（如透气阀）时，应注意观察火柱颜色。若火柱由带黑烟转变为无烟的蓝焰时，就有可能在短时间内转变为油罐爆炸。这是由于油罐在火焰和高温的作用下，油蒸气压力急剧增加，罐体由于压力过大而爆炸。

另外一种可能发生爆炸的情况是着火的油罐使邻近油罐的油蒸气增加，与空气形成爆炸性气体，达到爆炸极限时遇到明火即爆炸。此外，油罐发生火灾后，罐顶未破坏，当采取罐底导流排油时，如排速过快，罐内产生负压，易发生"回火"现象，导致油罐爆炸。

3. 局部燃烧

轻质油品油罐在气温较高时挥发出大量油蒸气，从呼吸阀、采光孔、量油口等处冒出，当遇到明火源时会形成稳定燃烧，即通常所说的火炬燃烧。大型石油储罐一般采用外浮顶罐的形式，如密封圈遭到破坏，有可能形成密封圈稳定燃烧。油罐破裂后油品外漏至地面，这时遇火源而发生火灾时，一般会在地面形成稳定燃烧而不发生爆炸。

4. 爆炸后不燃烧

油罐内油品闪点较高且气温低于闪点，油品液面上部的油气浓度处于爆炸范围内时发生爆炸后，温度并未达到油品的燃点，这时只会发生爆炸不燃烧。另外一种情况为油罐内只有爆炸性油气混合物而没有可燃性液体再供给燃烧，所以爆炸后不燃烧。这种情况一般多出现在油罐清罐时，这时罐内基本没有油品，但罐壁、罐底可能残余的油料会挥发与空气形成可燃混合物，一旦遇到引火源会发生爆炸，由于没有剩余的油料，所以不会形成持续燃烧。

5. 沸溢性燃烧

储存含水的原油、重油等油罐着火后，随着燃烧的进行，热波向油面下层传播。当水垫层温度达到100℃以上时，水将发生沸腾而使油品溢出罐外，甚至带着火团冲向天空。发生沸溢的表面现象是烟色变白，火焰突然增高、变亮、带有嘶嘶的声音。同时，罐内压力升高使储罐有振动现象。沸溢性燃烧的火灾模式往往使火情更加复杂，给扑救工作带来极大的困难。

此外，如果油品中含有较多的乳化水，且罐内油品液面较高时，随着燃烧的进行，油品中含有的乳化水蒸发，导致油品体积膨胀，会从罐顶溢出，这种情况称为满溢。

6. 单罐着火后蔓延为多罐燃烧爆炸

由于油料的热值高，燃烧猛烈，辐射热量大，一个油罐着火后，如果扑救不及时，邻近油罐的存油就会因加速蒸发而喷出，有可能被引燃或引爆。若着火油罐遭严重破坏，大量油品外流，将有可能使整个罐区着火。发生这种火灾模式时，应尽快扑救和冷却着火油罐，同时保护邻近油罐，防止事态的蔓延和扩大。

以上 6 种石油储罐典型火灾过程所对应的火灾模式中，沸溢性火灾的危险性最大。沸溢性火灾的危害主要有两点：一是沸溢时辐射热量突然增大，原油、重质油品油罐火灾的辐射热虽然比汽油小，但发生沸溢时由于油品燃烧面积急剧增大，燃烧热和火焰形体相应迅速增大，热辐射通量要高于沸溢前的数十倍，这给火灾扑救工作及附近人员、油罐或建筑的安全都带来了极大的危险；二是沸溢时喷溅出的燃烧油品会造成二次灾害，因为原油、重质油罐往往都是成组布置的，最先着火的油罐会因沸溢而波及邻近的油罐，从而引起一连串的着火、爆炸事故，造成众多人员伤亡和严重的财产损失。例如，1982 年委内瑞拉首都加拉加斯附近的发电厂油罐发生爆炸、起火，约 8h 后，大火开始演变为剧烈的沸溢，造成了 150 多人死亡。

二、油罐火灾的发展过程

油罐火灾中的火灾行为包括油罐发生着火、火灾的发展过程、火焰的变化情况、温度变化、火灾的持续时间等。以立式储罐全液面火灾为例，其燃烧过程大致可分为 4 个阶段，即初起阶段、发展猛烈阶段、稳定燃烧阶段和衰减熄灭阶段。

1. 初起阶段

火灾初起阶段火焰一般高度较低。初起火灾的持续时间一般为 5min 左右，这段时间环境温度相对较低，油品蒸发吸热较多，火焰温度上升相对较慢，辐射热量相对较低，油罐也不会发生破裂或变形。这一阶段为扑救油料火灾的黄金时段，抓住了这段时间的扑救时机，就基本取得了灭火救灾工作的胜利。因此，国家标准 GB 5051—2010《泡沫灭火系统设计规范》中规定固定式泡沫灭火系统的设计应满足在泡沫消防水泵或泡沫混合液泵启动后，将泡沫混合液或泡沫输送到保护对象的时间不大于 5min。

2. 发展猛烈阶段

油罐火灾发展的猛烈阶段是指从初起阶段末到稳定燃烧的这段时间，这一阶段的持续时间为 5～10min。这一阶段整个油面全部燃烧起来，燃烧速度达到最大值并稳定下来，火焰颜色逐渐由较浓的黑色变红，火焰高度增加，最高可达几十米。液面以上罐壁温度可达 1000℃ 以上，这时如不对油罐进行冷却降温，油罐将可能发生失效变形，甚至崩塌。

3. 稳定燃烧阶段

油罐火灾的稳定燃烧阶段是指从发展猛烈阶段末到火灾衰减熄灭前的这段时间。这一阶段，火焰由红黑色变为红黄色，燃烧温度和燃烧速度都达到最大值。稳定燃烧阶段持续时间的长短与油罐储油多少以及储油品种有关。一般油罐储油越多，持续时间越长；反之，持续时间就短。另外，轻质油料储罐稳定燃烧的时间一直持续到油料即将烧尽。重质油料储罐稳定燃烧一般持续到其轻质成分烧完。重质油品在稳定燃烧一段时间后，由于热波向液面以下传播，可能会发生沸溢事故。

4. 衰减熄灭阶段

油罐火灾的衰减熄灭阶段与一般建筑火灾或其他火灾不同，其持续时间较短，轻油的衰减熄灭时间很短，重油持续时间稍长一些。这一阶段火焰变短，火焰温度和燃烧速度呈下降趋势。燃烧速度从最大衰减到零，火焰温度的衰减快慢与火灾的持续时间有关。

第二节
油罐火灾特点

一、火焰温度高，辐射热强

油品燃烧时将释放出大量的热量，火灾的热辐射强度与发生火灾的时间成正比，与燃烧物的热值、火焰的温度有关。燃烧时间越长，辐射热越强；热值越大，火焰温度越高，辐射热强度越大。强热辐射易引起相邻油罐及其他可燃物燃烧，同时，使扑救人员难以靠近，给灭火工作带来困难。

全液面燃烧的油罐火灾，火焰高达几十米，并产生强烈的辐射热。装有轻质油品的油罐，燃烧时火焰呈喷射状，辐射热强，人员难以靠近。装有原油或重油的油罐，燃烧时形成的黑烟较强，辐射热比轻质油略低。着火油罐的火焰高度可达 8~20m，罐壁被迅速加热，一般在 5min 之内可达 500℃，油罐罐壁钢板强度下降，罐口部分下降 50%；10min 内温度达到 700℃，罐口强度下降 90%。如冷却供水强度不足，罐口会出现向内卷曲塌陷的现象。

二、易流动扩散形成大面积火灾

油品是易流动的液体，具有流动扩散的特性，火灾时随着设备的破坏，极易造成火灾的流动扩散，而油品在发生火灾爆炸时又往往造成设备的破坏，如罐顶炸开，罐壁破裂或随燃烧的温度升高塌陷变形等。因此，油品火灾，应注意防止油品的流动扩散，避免火灾扩大。

三、易发生沸溢和喷溅

含有一定水分或有水垫层的重质油品的储罐发生火灾时，随着燃烧的延续，因罐壁的热传导和油品的热波作用，水分或水垫层会被加热汽化，出现沸溢和喷溅。沸溢和喷溅危害极大，沸溢使重质油溢出的距离可达几十米，可形成大面积的燃烧；喷溅时，重质油火焰突然腾空，可达 $70～100m$，形成空中燃烧，火焰下卷并向四周扩散，致使燃烧面积成倍增大，灭火人员突然处在危险之中。

重质油发生沸溢和喷溅需具有三个条件：一是油品的沸点范围宽，具有形成热波的条件；二是油品中有水，水是导致发生沸溢和喷溅的重要条件，原油中就含有一定的乳化水或悬浮状态的水，且一般在油层下还有水垫层；三是油品的黏度大，水蒸气不容易逸出，才能使水蒸气泡沫被油膜包围，形成油泡沫。

重质油品的沸溢和喷溅是有联系的，但也是有差别的。两者主要差别有：一是发生的时间不同，一般先沸溢后喷溅；二是水的来源不同，发生沸溢的水是油品中的乳化水，发生喷溅的多是水垫层的水；三是危害不同，沸溢危害较小，而喷溅危害极大。

一般情况下，含有 1‰ 水分的原油燃烧 $45～60min$ 后，就会发生沸溢。液层厚度、油品燃烧直线速度和热波移动速度决定了喷溅的时间。在正常情况下，发生喷溅的时间比沸溢的时间晚一些。但在实际火场中，有时只发生沸溢而不发生喷溅；而有时只发生喷溅而没有发生沸溢。

发生沸溢和喷溅前一般有以下特征：一是油品表面有大量油泡沫生成，呈翻涌蠕动现象，出现 $2～4$ 次；二是火焰高度增加，颜色由深变亮且发白；三是油罐壁出现剧烈颤抖，有的稍有膨胀现象；四是燃烧发出的声音变异，发出强烈的嘶嘶声或呼呼声。

若出现以上征兆，火场指挥员要立即下达撤退命令，待沸溢和喷溅发生后，再抓住时机进行灭火，保证消防救援人员安全。

四、燃烧和爆炸往往交替

油蒸气在空气中的浓度达到爆炸极限范围时，遇火源即产生爆炸，爆炸将引起油品燃烧；另外，油品在着火过程中，油罐内气体空间的油蒸气浓度是随燃烧状况而不断变化的，当达到爆炸极限范围时，又可能形成爆炸。因此，燃烧和爆炸往往在互相转变中交替进行。

五、具有复燃性

油品灭火后，若遇到火源或高温将重新燃烧，甚至可能发生爆炸。对于灭火后的油罐、输油管道，由于其壁温过高，如不继续冷却，会重新引起油品的燃烧。在扑救油品火灾的案例中，发生过因指挥失误、灭火措施不当而造成复燃、复爆的情形。

六、扑救困难

由于油库油品储存量大，发生火灾后，燃烧时间长，加之多数油库远离城区，供水和道路条件较差，油库消防设备设施不足，消防力量有限，增加了油库火灾扑救的难度。

第三节
油罐火灾灭火战术原则

一、一般原则

1. 集中兵力原则

集中兵力原则分为集中兵力一次歼灭和集中兵力逐次歼灭。

集中兵力一次歼灭就是在战斗中，当到场的力量能够满足灭火的实际需要时，通过组织一次进攻战斗将火扑灭。集中兵力一次歼灭可分为首批到场力量一次歼灭和后续到场力量一次歼灭两种情况。当火场情况比较简单，火势不大时，首批到场力量虽不是很多，但完全可以满足灭火的需要，这时就应抓住灭火的有利时机，集中现有力量一举歼灭。火场情况比较复杂时，延烧的火势比较大，比如大型的油罐、油池等，首批到场力量无法满足灭火的实际需要，这时就不能盲目地组织进攻，应该耐心等待增援力量的到达。在等待的过程中做好适当的灭火准备工作，待后续部队到达后，能够满足灭火的需要时，再进行组织进攻战斗，力求一次将火歼灭。

一些比较大的火场，情况比较复杂，而到场的灭火力量有限，不可能对整个火场展开全面进攻。在这种情况下，就应该根据现有力量将整个灭火战斗分为不同的阶段，每个阶段解决一个方面问题，逐次地将火灾歼灭，最后取得整个灭火战斗的成功。

2. "先控制，后消灭"原则

在"先控制，后消灭"原则指导下，依据火场实际情况，按照"先外围、后中间，先上风、后下风，先地面、后油罐"的要领实施灭火战斗，是扑救油罐火灾的重要战术。

（1）先外围，后中间

针对情况比较复杂的火场，油罐火灾引燃周围的建筑物或其他构筑物。在此情况下就应首先消灭油罐外围的火灾，然后从外围向中间逐步推进，包围油罐，最后消灭油罐火焰。灭火战斗的实践表明，只有控制住外围火灾，消灭外围火灾，才能有效地控制住火势的蔓延扩大，才能创造消灭油罐火灾的有利条件，实现整个灭火战斗胜利的最终目的。但在灭火力量比较雄厚，能够满足火场需要时，可以分头展开战斗。

如果消防员直接深入中间部位扑救火灾，有可能被外围火灾包围，在供水不足的情况下，有可能造成伤亡。

（2）先上风、后下风

火场上出现油罐群同时发生燃烧，或形成大面积的地面油火时，灭火行动应首先从上风方向开始扑救，并逐步向下风方向推进，最后将火灾歼灭。在上风方向可以避开浓烟，减少火焰对人的烘烤；视线清，有利于观察火情；接近火源，便于充分发挥各种灭火剂的效能；同时也可大大缩短灭火战斗的时间，加快灭火进程；同时还可以降低油品复燃的概率。

"先上风、后下风"也是一条重要的安全措施，消防力量一般不得在下风方向部署。1989年"8·12"青岛黄岛油库火灾，在灭火过程中，正是由于风向逆转，使原本部署在上风方向的4号罐上的官兵突然处于下风方向，看不见火场态势变化，以至于4号罐爆炸时来不及撤退，造成牺牲。

（3）先地面，后油罐

火场上由于油罐的爆炸、沸溢、喷溅或罐壁的变形塌陷，使大量燃烧着的油品从罐内流出，造成大面积的流淌火，并与燃烧着的油罐连为一体形成地面罐上的立体式燃烧。在此情况下，只有先歼灭地面上的流淌火，才能有条件接近着火油罐，组织实施油罐火的进攻。此外，地面火对相邻储罐和建筑会构成严重的威胁。因此，对于地面出现了大量流淌火的油罐火灾，应采取先地面、后油罐的方法，逐次地组织灭火。

二、一般战术

1. 合理部署兵力

合理部署与使用兵力，不仅可以迅速消灭火灾，还能有效避免消防官兵伤亡，正确部署兵力的方法是：

① 当油品处于稳定燃烧时，且起火时间不长，邻近油罐受高温辐射影响不大，应把优势兵力投入灭火；

② 当在场灭火力量不满足灭火需要时，应把优势兵力投入到冷却油罐、降低油温、控制火势上；

③ 当邻罐受火势威胁较大，灭火力量不能同时满足灭火、冷却两项任务需要时，应把主要力量投入到冷却邻罐上；

④ 当两个以上油罐起火，其中一个是沸溢性油品时，应把主要力量投入到沸溢性油罐的灭火，并对其他罐冷却控制；当油罐爆炸、油品沸溢流散时，应把主要力量投入到防止漫流的措施上。

2. 主动进攻，积极防御

当灭火力量足以歼灭油罐火灾时，就要不失时机地发动进攻，一举消灭火灾；当灭火力量不足以歼灭火灾时，就要积极冷却防御，防止灾害扩大，为增援灭火队伍的到达创造灭火战机。

3. 以固定设施灭火为主，固定设施与移动装备结合

以固为主，以移为辅，固移结合消灭火灾，是火灾扑救过程中器材装备的使用原则，在扑救油罐火灾中必须坚持。当火灾发生后油罐上的固定灭火装置遭受破坏时，应以移动式装备灭火为主，在比较大的油罐火灾中，可采用固移结合的灭火方式。

容积较大的油品储罐，一般都装有固定或半固定灭火装置，当油罐发生火灾后，在固定、半固定灭火装置没有遭受破坏的情况下，要迅速启动固定灭火装置灭火。启动固定装置灭火，具有操作简便、灭火快速、安全可靠等优点。

第四节
油罐火灾灭火措施

一、加强出动、集中调派

在加强第一出动力量的同时，应根据灭火作战预案和报警情况向火场调派足够的泡沫、干粉等灭火剂，增派足够的消防车、消防炮和远程供水系统等消防装备。在赶赴火场途中，可以先利用油罐火灾灭火指挥管理系统和战斗编程系统实施先期指挥作业，进行战斗分工。

二、查明火情、确定对策

通过外部观察、询问知情人和控制室相关人员，迅速查明以下情况：
① 燃烧油罐的容积、结构形式、油品种类、液面高度等；
② 油罐和邻近罐周围情况和道路、地形、天气等；

③ 固定、半固定灭火设施的情况和完好程度；

④ 火灾现在态势和发展情况；

⑤ 防火堤的阻油情况，可否排水，有无水封。

三、冷却保护、防止爆炸

加强对油罐的冷却保护、防止爆炸是扑救油罐火灾的关键。对着火油罐进行全面冷却。当采用固定式冷却，着火罐为固定顶罐时，供给强度为 2.5L/(min·m²)；着火罐为浮顶罐或内浮顶罐时，供给强度为 2.0L/(min·m²)。相邻罐冷却范围为罐壁表面积的一半，供给强度为 2.0L/(min·m²)。

当采用移动式冷却，着火罐为固定顶罐时，供给强度为 0.8L/(s·m)；着火罐为浮顶罐或内浮顶罐时，供给强度为 0.6L/(s·m)。邻近罐的冷却范围为罐周半长，对于不保温罐供给强度为 0.5L/(s·m)，对于保温罐供给强度为 0.2L/(s·m)。

地上卧式油罐不低于 6L/(min·m²)，相邻油罐不低于 3L/(min·m²)。

冷却水要射至罐壁上沿，冷却均匀，不留空白点。对受火势威胁的邻近储罐，要视情况启动泡沫灭火装置，进行泡沫覆盖，防止油品蒸发，引发爆炸。可以用湿毛毡、湿棉被等覆盖呼吸阀、量油口等油蒸气的泄漏点，防止火势蔓延。

四、筑堤堵截、挖沟导流

当地面出现大面积的流淌火时，必须组织力量先消灭流淌火，为冷却和灭火扫清障碍。

① 根据火场流淌火的情况，采取围堵防流、分片消灭的方法；

② 根据现场条件，挖沟导流，将油品导入安全的指定地点，利用干粉或泡沫一举消灭；

③ 在灭火后，有条件的也可以将油品导入到指定地点，防止复燃，防止环境污染。

五、以固为主、固移结合

在固定式或半固定式泡沫灭火装置完好的情况下，可使用固定式或半固定式灭火装置，同时用移动式灭火装置进行配合，共同灭火。

2001年"9·1"沈阳大龙洋火灾扑救中，为防止与着火油罐最近的联汇公司 5 号油罐爆炸，沈阳消防支队很好地贯彻了这条原则，及时启动联汇公司的油罐冷却系统，与移动装备交替冷却，保住了联汇公司的油罐，也保住了坚守阵地的 12 位勇士的生命。

六、备足力量、 攻坚灭火

1. 实施不间断冷却

充分利用大功率消防车的车载消防水炮，实施远距离冷却。架设移动式水炮对着火油罐和邻近油罐充分冷却。根据现场实际情况，在着火油罐和邻近油罐之间设置水幕，降低辐射强度的影响。当原油和重油储罐火势较大，无法短时间扑灭时，应开启油罐下面的排水装置，将油罐底部的水垫层排出，消除发生沸溢和喷溅的危险。根据发生沸溢和喷溅的情况，可将防爆消防车排放在灭火战斗的最前沿进行灭火和冷却战斗。

2. 做好灭火准备

根据着火油罐的燃烧面积，计算灭火剂的数量和使用的战斗车辆的数量。在灭火剂和灭火装备充足、阵地部署完毕后，进行试水、试泡沫。

（1）备足灭火药剂

移动装备的泡沫供给强度按 $1.0L/(min \cdot m^2)$ 估算，泡沫准备量为一次灭火进攻灭火剂用量的 6 倍，同时准备一定数量的干粉灭火剂。

（2）落实人员、装备

泡沫消防车、举高消防车、移动泡沫炮等全部战斗装备进入进攻位置，做好战斗准备。明确作战人员及分工任务，准备就绪并检查无误。

（3）保证火场供水

合理分配水源，确定最佳供水方案，确保灭火阵地和冷却阵地不间断供水。

（4）统一指挥

油罐火灾涉及灭火作战单位和人员多，必须在火场指挥部的统一指挥下开展灭火战斗。

3. 实施灭火

灭火战斗开始后，火场指挥部应根据火场情况不断适时调整消防车、泡沫炮的喷射位置和角度，保证其最大的战斗效果。并根据现场火势情况和灭火战斗情况，及时增补灭火和冷却力量。

（1）无顶盖油罐火

油罐爆炸后，罐顶可能被掀开形成稳定燃烧，可使用高喷消防车、移动泡沫炮和泡沫钩管等灭火装备向罐内喷射泡沫进行灭火。

（2）罐顶塌陷进油罐

油罐爆炸时多数罐顶塌陷进入罐内，部分在液面以下，另一部分在液面以上。液面敞露部分燃烧猛烈，罐顶遮住部分，通过塌裂的缝隙形成喷射型火焰，泡沫难以进入灭火。这时可采用注水（油）提高液面的方法，消除隐蔽火焰，然后再向液面上喷射泡沫灭火。

（3）开口面积小的油罐火

当金属拱顶油罐爆炸起火开口面积较小、处于稳定燃烧且火势不大时，应立即喷射泡沫进行灭火。

当火灾仅局限于浮盘密封圈处时，应利用油罐固定梯进行登顶，直接使用泡沫管枪接近浮盘密封圈着火处进行灭火。

（4）火炬型油罐火

油罐的裂口、呼吸阀、量油口等发生火灾时，易呈现火炬型燃烧，可采用下列水封切割法或覆盖灭火法进行灭火。

水封切割法。根据火炬的高度和直径的大小，利用水枪在不同的方向，同时交叉向火焰根部射水，用水流将火焰与未燃烧的油蒸气分割，使可燃气体瞬间中断。然后将水枪同时向上抬升，抬高火焰直至其熄灭。

覆盖法。利用浸湿的棉被、麻棉毡等盖住火焰，使油气与空气隔绝，从而进行窒息灭火。

第五节
油罐火灾扑救安全措施

一、防热辐射伤害措施

在油罐火灾灭火作战中，为防止消防员受到辐射热伤害，指挥员必须掌握以下几条原则：

① 首先要准确判断、估算辐射热伤害的范围，合理部署兵力；

② 加强消防员个人防护，完善防护装备，进攻人员必须穿着铝箔隔热服，必要时佩戴空气呼吸器；

③ 充分利用地形地物作掩护，也可采用专用的防辐射射水盾牌掩护，水枪手躲在盾牌后射水，盾牌向火一面附着铝箔隔热层，将大部分辐射热散射；

④ 一线作战人员要实行轮换制，有条件的情况下，一线战斗员实施轮班作业，减少辐射热的积累效应，避免辐射热造成永久性伤害。

二、防爆炸伤害措施

油罐在火灾中发生爆炸，是引起消防员伤亡的重要原因，因此必须加以防范，主要措施有：

① 准确识别油罐潜在爆炸的危险，合理部署力量。消防车辆不停靠在油罐

爆炸波及范围内，不停在工艺管线下，不停靠在地沟和井盖上。

② 加强冷却，消除爆炸的威胁。油罐发生火灾后，为防止着火罐的爆炸、引燃或破坏周围建筑物、可燃物或相邻储罐，必须采取有效的冷却降温措施，以保护着火罐，保护受火势威胁严重的周围建筑物、可燃物或相邻储罐免遭火灾破坏，防止爆炸、沸溢、喷溅的发生或火势扩大。

冷却降温的方法，主要有直流水枪射水，开花、喷雾水枪洒水，泡沫覆盖，启动油罐固定喷淋装置洒水等方法，对于着火罐和邻近罐都可采取直流水冷却和泡沫覆盖冷却、启动水喷淋装置冷却的方法。

油罐冷却应注意以下几个问题：

① 合理设置水枪、水炮阵地设置。水枪、水炮阵地一般不设置在罐区防火堤内，不设置在固定顶油罐上，要多采用移动水炮、遥控水炮和高喷车水炮。

② 要有足够的冷却水枪和水量，并保持供水不间断。

③ 冷却水不宜进入罐内，冷却要均匀，不能出现空白点。

④ 冷却水流应成抛物线喷射在罐壁上部，防止直流冲击，使水浪费。

⑤ 冷却进程中，采取措施，安全有效地排除防火堤内的积水。

⑥ 油罐火灾歼灭后，仍应继续冷却，直至油罐的温度降到常温，才能停止冷却。

三、防沸溢伤害措施

倒油搅拌、抑制沸溢的方法，实际上就是搅拌降温的方法，从而破坏油品形成热波的条件。通常采取倒油搅拌的手段主要有三种：

① 由罐底向上倒油，即在罐内液位较高的情况下，用油泵将油罐下部冷油抽出，然后再由油罐上部注入罐内，进行循环；

② 用油泵从非着火罐内泵出与着火罐内油品相同质量的冷油注入着火罐；

③ 使用储罐搅拌器搅拌，使冷油层与高温油层融在一起，降低油品表面温度。

运用倒油搅拌手段时，应注意以下几个问题：

① 由其他油罐向着火罐倒油时，必须选取相同质量的冷油；

② 倒油搅拌前，应判断好冷、热油层的厚度及液位的高低，计算好倒油量和时间，防止倒油超量，造成溢流；

③ 倒油搅拌时不得将罐底积水注入热油层，以免造成发泡溢流；

④倒油搅拌的同时，要对罐壁加强冷却，以加速油品降温；

⑤ 倒油搅拌的同时，必须充分做好灭火准备，倒油停止时，即刻灭火；

⑥ 倒油搅拌时，要密切注意火情变化，若有异常，立即停止倒油。

四、防止喷溅伤害措施

沸溢性油品在燃烧过程中发生喷溅的原因，主要是油层下部水垫汽化膨胀而产生压力。防止喷溅，必须排除油罐底部的水垫积水。通过油罐底部的虹吸栓将沉积于罐底的水垫排除到罐外，就可消除油罐发生喷溅的条件。

运用排水防溅手段时，应注意：排水前，应计算水垫的厚度、吨位和排水时间；排水口处应指定专人监护，防止排水过量出现跑油现象；排水可与灭火同时进行。

五、覆盖窒息灭火的安全措施

对火炬型稳定燃烧可使用覆盖物盖住火焰，造成瞬间油气与空气的隔绝层，致使火焰熄灭。这是扑救油罐裂缝、呼吸阀、量油孔处火炬型燃烧火焰的有效方式。其安全措施有：

① 在覆盖进攻前，用水流对覆盖物及燃烧部位进行冷却；

② 进攻开始后，覆盖组人员拿覆盖物，掩护人员射水掩护，覆盖组自上风向靠近火焰，用覆盖物盖住火焰，使火焰熄灭；

③ 实施覆盖的消防员，必须做好个人防护。

六、登罐强攻灭火的安全措施

登罐强攻灭火是指当油罐发生火灾并呈开式燃烧时，在缺乏泡沫灭火手段的情况下，利用消防梯，在水枪掩护下，登上油罐使用泡沫钩枪挂入罐壁，向罐内施放泡沫的一种强攻灭火手段。

采取登罐强攻灭火手段时，应注意以下几点：

① 实施强攻前，要选择精干人员，组成若干小组，明确任务与分工。

② 强攻人员要加强自身防护，登顶人员穿着避火服或隔热服，佩戴空气呼吸器，系好安全绳。

③ 对强攻人员要实施跟进掩护，用喷雾水枪，保证进攻人员不受火灾威胁，同时又要对跟进掩护人员实施掩护，梯次进攻。如果架设登顶梯子，应保证梯子不被火烧毁，不倾斜、晃悠、倒地。

④ 泡沫钩管要进行试射。可在混合液干线设分水器，分别接泡沫钩管和泡沫枪，挂好钩管后，先关闭通向钩管的阀门，打开通向泡沫枪的阀门，当泡沫枪正常喷射泡沫时，打开通向钩管的阀门，关闭通向泡沫枪的阀门。

七、挖洞内注灭火的安全措施

当燃烧油罐液位很低时，由于罐壁高温度和空气温度的作用，从罐顶打入的泡沫受到较大的破坏，或因油罐顶部塌陷到油罐内，造成死角火，泡沫不能覆盖燃烧的油面，而降低了泡沫灭火效果时，可采取挖洞内注灭火法。即在离液面上部 50～80cm 处的罐壁上，开挖 40cm×60cm 的泡沫喷射孔，然后利用挖开的孔洞，向罐内喷射泡沫，可以提高泡沫的灭火效果。开挖孔洞时，要注意加强对挖洞人员的保护。操作人员不能正对着挖开部位，不要一次性挖开，挖开三面后，最后一面留足够强度的连接线，以免烟火突然喷出。从侧面将挖开三面的金属拉开。

第四章　石油储罐典型火灾案例

案例
1
中石化上海分公司高桥炼油事业部储油罐"5·9"爆燃事故

2010年5月9日11时23分,中国石化上海分公司浦东新区高桥炼油事业部16号罐区1613罐发生爆燃。市应急联动中心接警后,迅速调集高桥、保税区、东沟、金桥、外高桥、庆宁、国和、吴淞、翔殷、彭浦等33个消防中队2个战勤保障大队,77辆消防车,400余名救援人员赶赴现场处置。火势于13时23分控制,14时39分熄灭,5月10日凌晨6时全面结束救援工作。

一、基本情况

1. 起火单位情况

中国石油化工股份有限公司上海高桥分公司炼油厂是全国特大型以生产燃料、润滑油为主的综合性天然石油骨干企业之一,年原油加工能力达800万吨,拥有41套现代化炼油生产装置,能生产汽油、煤油、柴油、润滑油和石蜡等12类、130多种石油化工产品,其中润滑油产量40多万吨。

2. 燃烧区域情况

爆炸燃烧罐区为炼油厂油品二车间16号罐区,该罐区主要存放为连续重整、延迟焦化、重整加氢装置原料油及重整汽油、产品油浆。罐区现有5000m³油罐17个,着火罐为存放石脑油的直径21m,高16.4m的铝浮顶罐。

3. 燃烧物理化性质

石脑油为无色或浅黄色液体;不溶于水,溶于多数有机溶剂;相对密度为0.78~0.97;闪点为2℃;爆炸极限为1.1%~8.7%。对皮肤和眼睛有刺激或灼伤;燃烧产生刺激性、有毒或腐蚀性的气体;蒸气可引起头晕或窒息;灭火的废水可引起污染。

4. 水源情况

该罐区周边共有稳高压消火栓 43 只，炼油厂周边道路水源充足。

5. 天气情况

当日为阵雨，气温 15～17℃，风向东南风，风力 4～5 级。

二、扑救经过

1. 冷却抑爆

11 时 35 分，第一出动的 6 个消防队和 3 个企业队 30 辆消防车（其中泡沫车 23 辆、水罐车 5 辆、泡沫运输车 1 辆、抢险车 1 辆）到场，现场 1613 油罐正处在敞开式猛烈燃烧中，邻近 1615 罐已发生变形，随时有二次爆炸燃烧的危险。第一到场力量根据化工火灾处置程序，优先对着火罐和相邻罐实施冷却，在变形的 1615 罐受火面架设 3 门移动炮、6 支水枪实施冷却，在着火的 1613 罐四周架设 10 门移动炮、3 支水枪实施冷却灭火；同时架设 1 门车载炮和 3 支水枪冷却保护相邻的 1612 罐，并启动周边罐的雨淋自卫设施，防止灾情继续扩大。

2. 打击火势

12 时 57 分，局全勤指挥员和应援的 24 个中队、2 个战勤保障大队（其中泡沫车 21 辆、水罐车 3 辆、泡沫运输车 7 辆）相继集结到场，优势兵力基本形成。火场指挥部随即部署灭火力量，调整后续力量继续不间断为着火罐和邻近罐实施冷却抑爆，并对着火罐的防护堤内喷射泡沫；随后分别在 1612 罐顶部部署 3 门移动炮，在着火罐东南侧部署 2 门移动炮、西侧部署 5 门移动炮、北侧部署 3 门移动炮，在着火罐的西北侧、东北侧分别部署 1 门大功率车载炮，在着火罐南侧部署 2 门高喷车载炮，并准备数倍灭火强度的泡沫灭火力量。

13 时 23 分，总攻条件基本成熟，现场总指挥员命令：总攻。火势被全面压制。

3. 登顶强攻

14 时 33 分，着火罐敞开裸露部位火势强度明显减弱，但因罐体变形形成的几个封闭空间仍有余火，时而引燃裸露部位油品，一味外攻难以奏效。指挥部果断命令：由特勤支队组成攻坚组，借助罐体损坏的悬梯强行登顶，从罐体变形缝隙处出泡沫管钩和泡沫枪打击油罐死角火势，并辅以两节拉梯架设移动炮。同时，为防止液面升高造成油品外溢，及时组织工艺导流泄放罐底积水，以降低液面，提高泡沫覆盖层。

14 时 39 分，火灾被成功扑灭。

4. 持续冷却

火灾扑灭后，经测温仪检测，着火罐体温度较高，火场指挥部命令：

继续实施冷却并对罐内不间断喷射泡沫，确保泡沫覆盖层厚度，防止复燃。并协调环境监测部门做好现场监测，防止次生灾害发生。与此同时，战斗员补充给养，车辆补充油料和药剂，确保持续战斗力。

次日 0 时，经测温，罐体内温度降至常温，指挥部将现场交由主管中队和企业专职消防队实施驻防监护。

三、难点分析

1. 爆炸燃烧强度大，极易形成连锁反应

1613 罐体突然爆炸导致油罐全面燃烧，火焰高达数 10m，温度高达上千摄氏度。因冲击波作用，相距 20m 的 1615 罐壁燃烧并变形，一旦发生二次爆炸，不仅同一罐区五个罐难以保全，而且危及整个高化地区和黄浦江水域，后果不堪设想。

2. 罐体结构破坏变异，罐口形成多个封闭空间

爆炸导致 1613 罐拱顶内卷形成夹角，内浮顶也因塌陷与罐壁形成夹角，开口部位在高温作用下向内卷曲塌陷形成夹角，罐口部位形成数十个封闭空间，给扑救工作带来了相当大的困难。

3. 固定设施失灵，灭火手段单一

爆炸导致着火罐和邻近罐的雨淋保护、泡沫系统和罐体上的悬梯损坏，致使灭火系统不能使用，整个冷却和灭火只能通过移动消防装备来组织实施。

4. 单位内部通道狭窄，制约灭火战斗行动

爆炸燃烧罐区三面都与架空的管廊相连，致使大功率消防车、举高消防车难以近距离发挥作用，给冷却保护、强攻灭火增添了难度。

四、经验体会

"5·9" 储油罐火灾之所以及时、高效、成功处置，主要得益于以下几个方面。

1. 得益于科学指挥，战术运用得当

火灾发生后，各级领导相继到场，建立火场指挥部，靠前组织指挥，果断采取冷却抑爆、关阀断料、导流放空等灭火措施，有效阻截了再次爆炸和火势扩大的危险。随着后续应援力量到场并形成规模作战效应，指挥部不断调整战术措施，分别实施强攻近战、围歼消残、控制次生灾害等战术措施，成功处置了这起罕见的火灾，最大限度地降低了火灾损失。

2. 得益于第一到场力量充足，战勤保障有力

火灾发生后，市应急联动中心在第一时间内启动重大灾害事故处置方

案，调派了高桥等 30 多个消防中队、2 个战勤保障大队、70 余辆消防车、400 余名救援人员赶赴现场。第一到场力量的充足且对周边情况相对熟悉，不仅合理选择了水源和进攻路线，满足了前方大流量供液灭火的需要，又保证了后方不间断供水，在第一时间有效控制了灾情的发展。同时为保证长时间灭火需要，我局迅速启用战勤保障方案，及时调集充气车、装备给养车等战勤保障车辆和 150t 泡沫液等物资，为灭火作战提供了可靠的保障。

3. 得益于车辆装备技术精良，官兵技能娴熟

近年来，上海市委、市政府不断加大消防投入，先后引进、配置了"杀手锏"消防应急救援车辆装备，基本实现基层中队执勤主战消防车进口化，并为一线指战员配置了一大批国内领先、达到国际发达国家水平的个人防护装具和战勤保障器材。以刚进口的"西格纳"大功率消防车为主的先进车辆装备，在 80m 外便能直供灭火剂强压火势，在此次火灾扑救中发挥了不可估量的作用同时，我局围绕先进车辆技术装备积极开展应用技术训练，实现了人与装备的最佳结合，凸显上海公安消防科学救灾、专业救灾的先进理念。

4. 得益于应急联动指挥机制，协同作战到位

此次火灾成功处置，相关社会联动单位作用十分明显。这取决于本市"三台合一"应急联动指挥调度机制的优势，第一时间内有效调集了安检、民防、环保以及炼油厂专职消防队等社会力量协同作战；同时，以上海市应急救援总队成立为契机，加大社会应急救援力量的实兵、实装、实战拉动式演练力度，有效增强了消防部门与各社会联动单位之间密切配合和协同作战能力，凸显了本市应急救援综合实力。

5. 得益于备战世博基础工作扎实，应急处置有序

为确保平安办博，加强了对全市重点单位、涉博场所的熟悉调研和实战拉动，强化了针对性的应急力量调配、靠前指挥、实地演练和战勤保障，夯实了世博安保灭火救援基础。此次火灾虽发生在浦东，但未动用世博消防安保警力的一兵一卒，有效保障了世博消防安全，"5·9"火灾的成功处置是对世博消防安保工作的又一次实战检验。

五、启示

1. 必须贯彻"冷却抑爆、集中兵力打歼灭战"战术思想

此次火灾自始至终都坚持"冷却抑爆"的战术原则和"集中兵力打歼灭战"的战术思想，在泡沫力量未达到明显优势之前不轻易灭火，有效控制了灾情，战术的合理运用是短时间内成功扑灭火灾的先

决条件。

2. 必须在第一时间内调集足够的泡沫水罐车

此次火灾共调集泡沫车 30 辆，其中 8t 以上大功率泡沫车（西格纳和卢森保亚）8 辆，一七式压缩空气泡沫车 9 辆，组装压缩空气泡沫车 3 辆，其他泡沫车 10 辆。大量泡沫车尤其是大功率泡沫车的一次性调集为火场多方位泡沫控火提供了流量支撑和射程保障，为火灾成功扑救奠定了基础。

3. 必须充分发挥先进消防装备的技术优势

此次火灾充分体现了大功率泡沫水罐车供液流量大（西格纳 7200L/min、卢森保亚 10000L/min）、车载炮射程远（七十余米），压缩空气泡沫车泡沫液用量少、继航能力强（单车一次性灌注泡沫液可持续作战长达两个多小时），高喷车居高临下、控制范围广等技术优势，这些先进装备是火灾成功扑救不可或缺的主战力量。

4. 必须强化特定区域内特种装备器材的战勤储备

与历次油罐火灾相似，此次火灾扑救时间达三个多小时，处置时间达 17h 之多，战勤保障至关重要。应急联动中心在第一时间调集了包括泡沫运输车、油槽车在内的联勤保障车辆并相继调集 2 个战勤保障大队、5 个战勤保障中队、2 个联勤单位进行联勤保障，共保障 A 类泡沫 26 桶、B 类泡沫 129 桶、高倍数泡沫 6 桶、氟蛋白泡沫 36t、清水泡沫 14.4t、柴油 4850L、客饭 600 余份和其他各类物资，及时有效的战勤保障为实施持续打击铺平了道路。同时，应加大移动炮、泡沫液等针对性的储备，并积极开展油罐灭火装备的研发和对传统装备进行现代化改装。

5. 必须灵活实施工艺措施排除罐底积水

石脑油属于轻质油品，密度比水小。长时间高强度的泡沫灭火剂喷射，导致泡沫析液产生大量水沉积于罐底并使液面升高。一方面，液面的升高挤压了泡沫层的有效灭火厚度；另一方面，液面的升高使油品随时都有发生外溢造成流淌火灾和发生飞溅的危险。为避免上述情况的出现，指挥部果断决定在厂方技术人员的配合下实施工艺导流排除罐底积水，降低罐体液面。液面的及时控制为成功扑灭火灾打开了胜利之门。

6. 必须构筑灵活多样的火场通讯指挥模式

此次火灾共有 6 名总队领导，15 名总队全勤指挥人员和 6 名战区指挥人员到场实施指挥。各级指挥人员在利用无线手持电台实施现场指挥的同时，充分发挥总队战训指挥短信平台功能，通过手机等现代通讯工具向总队指挥中心汇总作战指令信息并由指挥中心通过短信平台和无线电台实施全面指挥，使整个火灾扑救忙而不乱，各条战线工作有序进行。

六、存在不足

1. 大兵团作战现场组织协调需要进一步提高

大兵团作战具有投入兵力多，作战时间长，指挥协调难度大等特点，此次火灾扑救共出动30多个消防中队，70多辆各种类型的消防车和数十辆战勤保障、应急联动救援车辆。且总、支队各层级指挥员又特别多，现场协调困难。尤其是各分片、分块作战区域的指挥协调，总攻力量的整体推进，泡沫喷射覆盖和冷却水枪的整体协调作战，长距离的接力供水保障，对社会联动成员协同配合等还需要进一步提高。

2. 现场指挥部的设置不够合理，不够安全

此次火灾扑救现场指挥部的设置没有按照接近火场，便于指挥，相对比较安全的要求来实施。火灾扑救中，各层次到场的指挥员为了要及时了解火场情况都靠前指挥，多次离开原来设立的位置，进入前沿危险地段，故前沿指挥部位置多次向前移位，从安全角度上存在隐患。

3. 作战人员自我保护意识还不够强

此次火灾扑救虽未有人员受伤，但在登顶强攻，进入围堤内冷却保护，排放罐底积水时作战人员自我保护意识不够强，没有做好必要的防护措施；在火灾扑灭后，有5~6人皮肤受到轻微感染红肿。

案例 2 新疆阿克苏库车县"7·9" 天山环保石化有限公司原油储罐火灾

2014年7月9日2时10分，新疆阿克苏地区公安消防支队119指挥中心接到报警称，位于库车县天山东路的天山环保石化有限公司原料储罐区一容量为5000m³的立式固定顶油罐发生火灾。接警后，总队、支队先后调集14台消防车、63名消防人员到场处置，两级全勤指挥部现场指挥。经过17h的连续奋战，于19时30分将大火成功扑灭，火灾未造成人员伤亡。

一、基本情况

1. 单位基本情况

天山环保库车石化有限公司，位于库车县天山路南侧、经四路东侧，距库车县城10km，占地面积632亩（1亩约为666.67m²，下同），东为库车县新成化工，南为农田，西为经四路，北为库车县紫光化工。公司成立于2006年9月，主要从事沥青、乌洛托品、甲醇、甲醛的加工和销售。

2. 罐区情况

发生事故的罐区是该企业新建的改性沥青项目储罐区，位于厂区西南角，东邻沥青装车台，南距厂区围墙 9.3m，西侧由东向西依次为卸车泵房、卸油台、装车台、厂区西围墙，北邻甲醇装置区。该罐区分为原料油罐区和成品罐区。西侧为原料油罐区，设置原油储罐 3 座，轻质柴油储罐 4 座，均为立式固定顶钢质储罐。原油储罐位于南侧，由西向东分别为 G101、G102、G103，每罐设计储量为 5000m³。事故发生时，分别储存原油 508m³、524m³、1781m³。轻质柴油储罐位于北侧，由西向东分别为 G201、G202、G203、G204，设计储量分别为 1000m³、1000m³、1500m³、2000m³。事故发生时，G201、G202 分别储存柴油 486m³、592m³，G203、G204 分别储存原油 56m³、369m³。罐区东侧为成品罐区，设有立式固定顶钢质储罐 4 座，北侧两座储罐由西向东为 G301、G302，南侧两座储罐由西向东为 G303、G304。G301、G302 设计储量 4000m³，G303、G304 设计储量 3000m³，事故发生时分别储存改性沥青 1808m³、131m³、483m³、946m³。

3. 着火罐基本情况

着火罐为 G103 罐，直径 22m，高 16m，设计储量 5000m³，实际储存原油 1781m³。罐顶为拱形，外覆的珍珠岩-混凝土保温层厚 5cm。罐壁从基座向上每隔 2m 焊接一圈钢筋龙骨，充填 10cm 厚的珍珠岩保温层，龙骨铆接固定 0.5mm 铁皮形成保温层。爆炸发生后，泡沫发生器从焊缝处撕裂脱落，罐顶西南角与罐壁焊接处撕裂形成一条长约 20m 的裂缝，裂口处罐顶、罐壁钢板扭曲变形。罐区内其他储罐完好。

4. 固定消防设施及周边水源情况

厂区建有消防水池 1 个，储水量 2000m³，并设有 1 条 300mm 的自来水补水管线和 2 条 200mm 的地下井补水管线；建有循环水池 1 个，储水量 1000m³；设有消防水泵 3 台，每台流量 60L/s；设有管径 300mm 的环状管网室外消火栓 40 个，其中着火罐区域有 10 个；设置泡沫站 1 座，储存抗溶性氟蛋白泡沫 10t，泡沫泵 2 台，流量为 60L/s。

5. 天气情况

当日天气晴，气温 15～28℃，起火前期为东北风四级，后期无持续风向，微风 1～2 级。

二、此次火灾特点

1. 先天性火灾隐患多

发生事故的改性沥青项目储罐区未经消防设计审核验收，存在采用固定顶钢质罐储存原油、罐组内相邻可燃液体储罐防火间距小于直径的0.6倍、罐区四周未设置环形消防车通道、原油罐组储存能力超过2000m³ 未设置隔堤等不符合《石油化工企业设计防火规范》的情况。油罐未设置冷却系统，固定泡沫灭火系统在爆炸中损坏，造成扑救火灾的客观环境较为恶劣。

2. 爆炸造成的罐顶裂缝狭小，外攻困难

爆炸导致罐顶西南角与罐壁焊接处形成一条长约20m的撕裂口，缝隙最小处只有10cm，最大处也仅为50cm，泡沫钩管无法架设，外部喷射泡沫灭火难度大。

三、事故经过

根据后期调查得知：7月3日，G103罐经加热盘管加热，罐内温度一直保持在50℃左右。7月8日11时，企业开始对该罐原油进行升温准备脱水，12时45分已达到正常脱水温度60℃。由于当班操作工对加热温度监控不力，至7月9日2时3分，罐内温度达到77.5℃，罐内超温长达13h左右，导致大量油蒸气从罐顶呼吸阀外溢，在G103罐西南方向形成了长155m、宽48m的爆炸性可燃气体混合物聚集区域。2时5分，蔓延至装卸区碘钨探照灯空气开关产生的电火花发生爆燃，回燃引起G103罐闪爆起火。

四、扑救经过

1. 第一阶段：集结力量，冷却抑爆

2时10分，支队指挥中心接到报警后，迅速调集辖区大队龟兹、开发区中队8车37人以及塔化专职队3车12人前往处置，调集相邻的沙雅县中队1车4人赶赴增援。总队接到报告后，立即启动跨区域增援预案，调集邻近的巴州轮台县中队2车10人以及南疆物资储备库50t泡沫实施增援。

2时26分，首战力量龟兹中队4车20人到达现场，经现场侦察发现，明火从油罐裂缝处向外翻滚，着火罐自身无冷却系统，固定泡沫灭火系统在爆炸时损坏。指挥员迅速组织实施初战控制：一是立即要求厂区工作人员启动固定消防设施；二是进行冷却抑爆；三是确保现场供水不间断。

2时31分，增援力量开发区中队4车17人到场，从北侧利用举高车对邻近罐进行冷却，架设2门移动炮对着火罐实施冷却。

2时36分，库车大队指挥员和塔化专职队3车12人到场。大队指挥员迅速部署了五项作战行动：一是对邻近罐进行冷却；二是按区域划分作战任务；三是安排专人负责打开储水池补水管和地下井补水管，及时补水；四是立即关闭 3 个原油罐底部蒸汽加热管阀门，降低原油罐内温度；五是设立现场安全员，密切关注火势发展蔓延情况，明确紧急撤离信号，随时做好避险准备。

2. 第二阶段：调整部署，外部灭火

3 时 55 分，增援力量沙雅县中队到场，同时库车县委、县政府、应急办、安监、环保、公安等部门先后到场。

4 时 32 分，支队全勤指挥部和巴州轮台县中队相继到场，此时着火罐呈稳定燃烧状态。指挥部根据现场情况调整力量部署：一是沙雅县中队高喷车部署在着火罐西南侧，从罐顶裂缝处向罐内喷射泡沫实施灭火；二是轮台县中队在临近罐罐顶出一支 PQ16 泡沫枪，从罐顶裂缝处向罐内喷射泡沫实施灭火；三是做好利用泡沫钩管登罐强攻准备。

3. 第三阶段：登罐强攻，开孔灌注

9 时 25 分，由于罐顶爆炸缝隙小，外部强行灌注泡沫灭火效果较差，总队全勤指挥部要求现场灭火力量登罐强攻。在参战官兵的努力下，先后设置了 4 支泡沫管枪向罐内灌注泡沫，但由于灌注的泡沫无法沿罐壁向下流淌形成覆盖，加之液位较低，受辐射热、罐内紊流影响，泡沫损耗大，灭火效率差。至 13 时许，火势仍无显著变化。

4. 第四阶段：蒸汽抑制，泡沫灭火

13 时 35 分，罐顶局部已严重变形，指挥部认真分析了前期施救不力的原因，充分听取了相关技术专家的建议，确定了"蒸汽填充抑制、泡沫择机覆盖"的战术措施。战斗任务部署完毕后，各小组迅速行动。

17 时 40 分，消防官兵和技术人员组成的攻坚组强行登罐，完成蒸汽管路架设固定。

17 时 45 分，开始灌注蒸汽。

19 时 05 分，经过 80min 灌注蒸汽后，火势明显减小，总攻条件成熟，指挥部决定同步组织泡沫管枪灭火，提高灭火效果。

19 时 10 分，指挥部下达总攻命令，在全面冷却的基础上，4 只泡沫管枪同时进攻，对着火罐实施泡沫覆盖。

19 时 30 分，明火被扑灭。

22 时 30 分，经过 3h 不间断冷却，利用测温仪检测出着火罐上部温度下降至正常温度，至此灭火战斗全部结束。

五、体会

1. 此次火灾扑救重在组织指挥的实施

事故发生后，总队作战指挥中心利用 3G 图传系统全程指挥火灾扑救，总队全勤指挥部亲临现场指挥，指导和保障灭火救援行动。可以说，此次火灾扑救是近年来新疆总队首次"总队远程指挥、总队全勤指挥部现场指导、多支队跨区域联合作战"的典型案例，也为我们今后处置重大灾害事故时组织指挥体系的建立模式提供了实战经验和参考依据。

2. 此次火灾扑救难在战术措施的制定

此次火灾中，固定灭火系统损坏不能使用，同时油罐顶部近三分之一被爆炸波撕裂，呈不规则开口，最大开口处只有50cm，不具备泡沫钩管灭火的条件。如何制定有效的战术措施，一度成为灭火行动的瓶颈。最终指挥部结合现场实际，因地制宜采取了蒸汽窒息和泡沫灭火相结合的方法，战术措施的不拘一格为成功扑灭火灾奠定了坚实的基础。

3. 此次火灾扑救贵在技术专家的参与

总队全勤指挥部到场后，及时吸纳了失火单位、塔河炼化、华锦化肥厂、安监、公安等部门技术专家，组成了现场指导组。在技术专家的集思广益、群策群力下，研究提出了"蒸汽窒息辅助灭火"的方法。指挥部果断决策，及时部署了蒸汽管路的准备、架设、固定、充气等任务。这一措施的实施，立竿见影，收到了良好的效果，也为今后扑救此类火灾提供了一条有效途径和参考。

4. 此次火灾扑救准在侦检器材的运用

在火灾扑救过程中，始终将安全监测置于战术措施的首要环节，全程安排人员占据制高点观察着火油罐是否有沸溢或喷溅征兆，利用测温仪和热成像仪监测油罐温度，特别是在火灾扑救后期，火情发生变化，从外部难以准确判断火势，利用热成像，指挥员准确发现火势变化，组织水炮阵地准确实施打击，有效压制了火势。

六、存在的不足

1. 组织指挥意图贯彻不力

在火灾扑救过程中，现场指挥员忙于应答汇报，疏忽了对已部署战术措施落实情况的检查，导致部分战术措施落实不到位、不及时，延误了战机。总队于9时25分就下达了登罐强攻的命令，但直至11时40分，才相继完成了4支泡沫管枪的架设和固定。同时，由于塔化专职队主战的西格纳泡沫车故障导致泡沫发生器失效，至13时，在强攻持续近90min后，指挥部发现火势仍无明显变化，再次登罐检查泡沫灌注情况时，才发现泡沫管枪打出来的不是泡沫液，而是水。这两项战术措施的执行不力，是导致灭火效能不佳的主要原因。

2. 灭火救援准备工作不足

由于中队干部调整频繁，辖区中队指挥员对中队泡沫消防车内的泡沫何时添加、何种类型等底数不清、情况不明，对不同类型、不同厂家、不同批次的泡沫混合使用的效能测试较少、了解不够，对所属车辆装备器材的实战性能掌握不透彻，未能充分发挥最大效能。同时，由于发生事故的改性沥青罐区未经审核验收，辖区中队对事故罐区的情况基本不掌握，没有制定灭火救援预案，也未开展过程熟悉和实战演练，导致火灾扑救前期，现场指战员对作战对象了解不足，更难为总队、支队全勤指挥部远程决策指挥提供有力的数据支撑。

3. 个人防护和现场警戒有待加强

战斗中，部分官兵没有佩戴齐全全套灭火救援防护装备，特别是各级指挥人员防护不到位、着装不统一。另外，由于现场官兵个人防护装备的备份不足，导致防护装备未得到及时更换。同时，火灾扑救过程中，火场警戒范围设置不够，且警戒不严格，存在在警戒区内使用非防爆通信器材、地方人员随意进出火场、参战人员随意进入防火堤等现象。

4. 对石化企业火灾扑救的技战术措施研究不足

参战指战员对石化火灾扑救技战术的研究和训练还较为欠缺，特别是对掌握石化企业工艺流程和技术措施对火灾扑救的作用认识不够，没有第一时间利用DCS操作室的监控设备了解油温状况，未能对事故原因和火势蔓延发展的趋势做出准确的判断，在一定程度上影响了指挥决策的准确性。

七、改进措施

① 提请自治区政府相继部署开展了易燃易爆场所消防安全集中整治行动和工业园区消防安全集中整治行动，加大对石油化工企业等易燃易爆场所的安全检查力度，努力消除一批工业园区招商项目中的"三边"工程造成的先天隐患，改进火险高危场所的灭火救援条件。

② 在全区消防部队内部同步部署开展了石油化工企业灭火救援基础普查工作，要求各地对辖区石油化工企业特别是乌鲁木齐、克拉玛依、塔里木、吐哈等四大石油化工基地，以及中哈输油管线、西气东输管线的输油气管线开展全面普查，掌握第一手灭火救援基础数据，为灭大火打大仗奠定基础。

③ 全面开展石油化工企业灭火救援实战演练，各支、大、中队立足辖区内最大、最难的石油炼化、加工、储存、销售场所，开展实地实兵实装实战演练，并将政府职能部门联动响应、远程通信指挥保障、跨区域战勤保障等纳入演练范畴，同步组织开展。通过实战演练，研究编制了洒水

车和移动水囊协同供水操、泡沫原液供给操、移动炮强攻灭火操等石油化工火灾扑救实战操法。

④ 组织库车大队、阿克苏支队、总队分层级自下而上开展战评总结，并召开全区灭火救援战例研讨会，就此起火灾的扑救战例在全区部队范围内开展研讨分析，切实总结经验教训，改进灭火救援工作。同时，在全区范围内掀起了灭火救援业务大讲堂的热潮。

⑤ 根据部局广东实战化现场会精神和相关工作要求，在全区部队范围内部署开展全勤指挥部和整建制中队实战化训练与考核工作，将石油化工火灾扑救实战化训练纳入整建制中队实战化训练范畴，参照广东日常中队实战化训练任务库，编订石油化工火灾扑救的实战化训练任务库，并计划按照"试点先行、示范引领、逐步推广、全面提高"的模式在全区范围内予以实施。

案例 3　乌鲁木齐市"4·19"中石油王家沟石油商业储备库火灾

2010年4月19日19时26分，乌鲁木齐市消防支队指挥中心接到报警，位于乌鲁木齐市头屯河区南渠路1号中石油西北销售公司王家沟石油商业储备库一容量为2万立方米的93号立式汽油罐发生火灾。乌鲁木齐消防支队指挥中心接到报警迅速在第一时间调集6个中队的28台消防车、145名指战员赶赴现场扑救，总队、支队全勤指挥部遂行出动指挥战斗，经过全体参战官兵的奋力扑救，20时50分起火罐火势被彻底扑灭，确保了起火罐周边5个2万立方米汽油储罐和6个3万立方米柴油储罐的安全。

一、基本情况

1. 单位基本情况

中石油西北销售公司王家沟石油商业储备库，位于乌鲁木齐市头屯河区南渠路1号，东面为空地，南邻苏州路，西邻中油化工公司，北邻新疆油田西部管道公司，该单位距市区30km，总占地面积1381亩，油库区占地面积803亩，由一期工程和二期工程（在建）组成，其中一期工程由1至3号罐区组成，1号罐区为6个2万立方米汽油储罐；2号罐区为6个3万立方米柴油储罐；3号罐区为4个5万立方米柴油储罐，总设计储量为50万立方米（其中汽油罐储量为12万立方米，柴油罐储量为38万立方米）。

起火罐是1号罐区内TG105号罐，为内浮顶罐，罐体直径37m，高度 19.8m，储存了 2 万立方米 93 号汽油。

2. 单位消防设施及周边水源情况

中石油西北销售公司王家沟石油商业储备库内部有 7 个消防水池，总储水量为 1.1 万立方米（采用双水源供水，最长补水时间 96h），泡沫液储量为 20t，消防泵房 2 座（3 台冷却水泵、3 台冷却水稳压泵），泡沫站 1 座（3 台泡沫给水泵、2 台泡沫给水稳压泵），罐区室外消火栓 35 座（地上式，环状供水管网），固定水炮 18 门，35kg ABC 类干粉推车式灭火器 18 具，8kg ABC 干粉手提式灭火器 36 具，每组消火栓旁均配有消防器材箱（内有 PQ8 泡沫枪 1 支，泡沫吸液管 1 根，65mm 水带 2 盘）。

3. 天气情况

当日天气中雨转小雪，气温 0～8℃，西北风 3～4 级。

二、扑救经过

4 月 19 日 19 时 26 分，乌鲁木齐市消防支队指挥中心接到报警后，立即启动"一键式预案"，一次性调集第三战区、第二战区内的四中队、五中队、七中队、特勤一中队、特勤二中队、三中队，共计 6 个中队的 28 辆消防车（其中高喷车 6 辆、泡沫消防车 12 辆、大吨位水罐车 10 辆、总载水量 280t、总载泡沫量 47t）、145 名指战员赶赴现场扑救，同时向上级报告灾情。

1. 调集力量，采取措施，冷却防爆

根据库区监控录像显示，18 时 53 分油罐发生火灾，消防控制室人员立即启动固定消防灭火设施，同时向临近的新疆油田消防支队六大队请求增援，新疆油田消防支队六大队立即出动 10 车 38 人赶赴现场进行扑救，到场后利用 2 台高喷车在起火罐的西南侧向罐顶射水冷却，利用斯太尔泡沫车出 1 门移动水炮对起火罐罐体进行冷却灭火，储备库消防控制室人员于 19 时 26 分向乌鲁木齐消防支队指挥中心报警。

19 时 40 分，辖区消防七中队到达火场，中队指挥员立即组织人员进行火情侦察，通过询问单位技术人员及外部观察发现，起火罐为一立式内浮顶罐，罐体直径 37m，高度 19.8m，储存了 2 万立方米 93 号汽油，同时发现现场一消火栓被撞断，致使固定灭火设施压力不足，起火罐冷却效果不佳，根据现场情况，中队指挥员在确定了以"冷却防爆"为主的战术措施后立即展开扑救。

2. 调整部署，继续冷却，控制火势

20 时 17 分，乌鲁木齐消防支队彭卫民支队长、刘国朝政委带领支队全勤指挥部及三个增援中队（特勤一中队、特勤二中队、三中队）、火灾事故调查和监督人员相继到场，并成立了以彭卫民支队长为总指挥的火场指挥部。

乌鲁木齐支队全勤指挥部在听取辖区中队指挥员和专职队指挥员的汇报后，立即组织人员进行进一步火情侦察，并针对自动消防设施压力不足，罐顶所有通风口烟雾较浓，罐体上部西南侧长约20m、宽约2m的部位已被高温灼烧变色这一情况，迅速做出判断：着火部位位于拱顶内部，如不及时冷却降温，极有可能造成罐壁变形塌陷。支队全勤指挥部迅速确定了"以固为主、固移结合、冷却防爆"的战术原则，并进行了战斗部署和任务分工，成立了作战组、通信组、警戒组、供水组，具体制定实施了七条战术措施：一是要求单位工程技术人员迅速提供现场情况及储罐相关技术参数，为指挥部灭火救援决策提供准确的理论依据；二是充分利用固定消防设施，做好罐体的冷却降温；三是利用高喷车辆、移动水炮从外部对罐体进行全面冷却降温；四是警戒组组织有关人员做好现场警戒，为战斗展开清理障碍；五是供水组立即结合现场救援力量确定供水方案，确保火场供水不间断；六是组织企业队力量立即对损坏消火栓实施抢修，尽快恢复工作；七是组织灭火救援攻坚组，实施登罐灭火。

火场指挥部下达作战命令：一是结合现场情况，将现场划分为三个战斗段。第一战斗段为起火罐西南侧，主要由企业队力量负责，利用2辆16m高喷车在起火罐西南侧对罐顶进行射水冷却；第二战斗段为起火罐东侧，主要由消防七中队、消防三中队力量负责，利用中队16m高喷车对罐顶进行射水冷却；第三战斗段为起火罐侧，主要由特勤一中队、特勤二中队力量负责，特勤一中队18m高喷车与特勤二中队16m高喷车在起火罐的北侧对罐顶进行冷却。二是供水组利用其余14辆大吨位水罐车和16辆泡沫车组成三个供水小组，分别负责三个战斗段的供水任务，保证火场用水不间断。三是特勤一中队、特勤二中队两支灭火攻坚组，进行登罐灭火，利用泡沫管枪直接向通气孔内灌注泡沫液。

3. 总队全勤指挥部到场，调整部署，总攻灭火

20时30分，总队副总队长、参谋长带领总队全勤指挥部人员到场，立即与乌鲁木齐支队指挥人员组成现场指挥部，组织指挥灭火救援工作。总队移动通信指挥车利用3G视频传输设备将火灾现场情况实时传回总队指挥中心，李济成总队长在总队指挥中心全面指挥灭火工作。

现场指挥部分析情况，调整部署开展了灭火救援战斗：一是召集罐区工程技术人员，详细全面了解现场情况；二是掌握起火罐固定消防设施的动作情况；三是认真分析是否有爆炸的危险；四是尽量使用高喷车、移动

炮、固定消防设施冷却和灭火，最大限度地减少一线处置官兵的数量，车辆停靠要保持安全距离；五是利用库区自动监控设施，随时掌握着火罐油气温度变化情况；六是把握战机，做好强攻灭火准备。

通过指挥部的观察，确定总攻时机已经到来，指挥部果断下达作战命令：一是由三中队 2 辆 16m 高喷车，占据原七中队 16m 高喷车阵地，对罐体进行冷却，组成 6 辆高喷车编队，对起火罐进行强攻灭火；二是命令供水组，确保火场供水不间断；三是利用固移结合向罐内实施注入式灭火，经过 20min 的扑救，起火罐明火于 20 时 50 分被完全扑灭，为防止复燃，指挥部命令继续全力进行冷却降温。

22 时 45 分，指挥部决定留守 4 台高喷车 20 名指战员，会同企业消防队对现场进行监护。

三、火灾原因调查

经调查认定此起火灾事故原因为：油库工人在 TG105 号罐顶部打开量油孔进行计量操作时，由于天气骤变雷雨云的聚集，罐体静电感应电荷增加，加之操作人员提升速率过快，金属量油桶在离开油品液面的瞬间产生静电放电引燃浮顶上部空间的油蒸气。

四、经验体会

1. 预案启动迅速，调集力量准确

支队指挥中心接警后，立即根据乌鲁木齐支队《灾害事故等级力量调派方案》，启动"一键式调度"预案，本着加强第一出动的原则，按石油化工火灾作战力量编成方案，调集第三战区内的四中队、五中队、七中队 16 车 69 人及支队全勤指挥部 8 人赶赴现场，同时调集邻近第二战区的特勤一中队，特勤二中队、三中队 12 车 68 人赶赴现场增援。为有效组织火灾扑救工作提供了强有力的保障。实现了集中优势兵力打歼灭战的目的，为冷却防爆、控制火势，提供了有力保障。

2. 遂行作战落实，组织指挥科学

支队全勤指挥部在接到警情后，按照灭火救援"指挥扁平化"的要求，第一时间遂行作战，途中对到场力量进行指挥部署，同时向总队全勤值班总指挥报告，总队领导带领总队全勤指挥部人员及时出动，与乌鲁木齐支队指挥部共同组成现场指挥部，李济成总队长坐镇总队指挥中心，统筹安排灭火救援、战勤保障、信息报送等工作，此次灭火救援指挥层次清晰，信息反馈及时，指令传达顺畅，扁平化指挥初见成效。处置过程中现场指挥部牢牢把握住了以下六个环节的组织指挥工作：一是召集库区工程技术人员，详细全面了解现场情况；二是掌握起火罐固定消防设施的动作情况；三是认真分析是否有爆炸的危险；四是尽量使用高喷车、移动炮、固定消防设施冷却和灭火，车辆停靠要保持安全距离；五是利用库区自动监控设施随时掌握着火罐油气温度变化情况；六是把握战机，做好强攻灭火准备。由于指挥得力，措施准确，赢得了灭火救援行动的主动权。

3. 处置程序规范，抑爆措施得当

该起事故的火灾扑救工作现场情况复杂，救援难度较大。支队充分利用灭火救援"三化"建设成果，及时启动了"油罐火灾扑救处置程序"，实施程式化指挥，参战官兵能够严格按照处置程序，迅速按照"以固为主、固移结合、冷却防爆"的战术原则，充分利用自动灭火设施和罐区内消防给水系统，围绕起火罐、邻近罐部署力量，全面展开火灾扑救和冷却降温。在最短的时间内迅速控制了火势，有效阻止了火势的扩大、蔓延，主要体现在以下三个方面：一是及时调集力量，以固定消防设施为主，进行冷却和灭火；二是抓住时机，利用高喷车、移动水炮对起火罐罐体进行全面冷却，防止爆炸和罐体塌陷；三是固移结合，重点进攻，利用固定设施和移动设施相结合的方式，确保火灾的成功扑救。

4. 充分发挥灭火攻坚组攻坚克难的作用，强攻近战

支队自开展打造消防铁军以来，认真落实部局要求，全面加强攻坚组队员的专项训练工作：一是不断完善攻坚组队员的日常训练机制，做到平时按组训练，战时按组调动展开；二是加强攻坚组队员的心理训练，强化其火场适应能力；三是积极组织开展针对高层建筑、地下建筑、石油化工等不同灾害事故处置的专项训练，不断提高攻坚组的灭火救援技战术水平，这在本次火灾扑救中得到了充分体现。

五、启示

1. 灭火救援"三化"建设实战性强，必须下大力气规范推广

在此次火灾的扑救中，灭火救援"三化"建设已初见成效，显示出了极强的实战性，为此要进一步加大灭火救援"三化"建设的力度，实现扁平化指挥、规范程式化处置、加强专业队伍建设，全力推动灭火救援工作改革，实现灭火救援"三化"建设的总目标，将灭火救援"三化"工作落实到训练中，应用到实战中。

2. 提高企业专职消防队初期火灾扑救能力，刻不容缓

在此次火灾的扑救中，企业专职队的初期扑救为整个灭火战斗争取了宝贵的时间，若初期控火不力，将会为后期的火灾扑救带来极大的困难，因此在今后的灭火救援工作中，现役消防队要与企业专职队建立联动机制，使现役队与企业队实现资源共享，进一步加强企业专职消防队、公安

消防队之间的协同配合，实现优势互补，人员物资、装备共享，全面提高企业专职消防队的初期火灾扑救能力。

3. 灭火救援准备工作必须抓实，消除盲点

此次火灾的扑救充分证明：灭火救援准备工作充分与否，直接影响到灭火救援行动。在今后的工作中，支队将立足于现有的灭火救援准备工作，不断完善重点单位基础资料的收集和各类灭火救援预案的制定，做到不留死角，消除盲点。

4. 进一步加强消防演练的实战化

从这起火灾事故可以看出，在火灾初期扑救中，单位的预案展开及初期控制效果并不理想，没有严格按照预案进行展开。扑救不及时，报警时间晚，在扑救中与消防指挥中心配合不严密，火场分工不明确，致使有人忙乱，有人闲看。这充分暴露出单位消防演练不贴近实战，效果不佳，下一步应加强与辖区消防中队联合作战演练的实战化。

5. 加强员工火场处置心理训练

此起火灾扑救的短板是该单位员工在带领消防队进入库区时由于紧张慌乱把路边室外消火栓撞倒，致使水压不足以与泡沫液按比例发泡。这点充分暴露员工在实际火场上的心理素质不过硬，为避免这种小失误造成大后果，应加强火场心理适应性训练。

6. 加强员工特殊天气条件下作业的安全警觉意识

此起火灾有局部强对流天气条件下聚积大量电荷的客观因素，但在这种天气条件下员工并没有意识到潜在的危险性，继续量油作业是导致火灾的人为因素。这充分暴露出员工习惯性思维的麻痹性，应与气象部门联系掌握各种天气条件下对员工操作工序的影响，加强警觉意识和防范措施。

案例 4　大连中石油国际储运有限公司输油管道"7·16"爆炸事故

2010年7月16日18时12分，位于大连市大孤山新港码头的中石油国际储运有限公司保税区油库输油管线因爆裂引发爆炸起火，并引起油罐区容积为10万立方米的103号原油罐大火。高温下的原油顺着管道、地沟四处流淌，爆炸不断，大量原油外泄至海上并发生燃烧，整片油库处于火海中。发现火情后，大连消防紧急出动全部力量赶赴现场投入灭火战斗，辽宁省其他地市消防迅速驰援。驻连预备役高炮二师、39军防空旅出动750余人、武警出动500多人参与救援，公安、交警、城建、医疗等相关社会联动力量到场协同作战。这次灭火战斗，辽宁消防

总队共出动 14 个支队的 338 辆消防车、2000 余名消防指战员到火灾现场奋力扑救，从天津、山东、河北、黑龙江等省市紧急调运了 400 多吨泡沫灭火剂支援前线。经广大官兵 15h 的艰苦奋战，确保了火灾没有进一步蔓延扩大，成功保住了罐区 19 个总储量 175 万立方米的原油储罐以及临近 2 个单位的 56 个总储量 560 万立方米的原油、成品油罐和 51 个总储量 12.45 万立方米的二甲苯、苯等易燃易爆有毒危险化学品储罐乃至整个开发区的安全。

一、单位基本情况

大连新港是我国目前规模最大、水位最深的现代化深水油港，设计年通过能力 1500 万吨，是我国对外原油出口的重要基地。大连中石油国际储运有限公司保税区油库位于大连新港，一、二期共设 20 个储罐，总储量为 185 万立方米，其中 10 万立方米原油储罐 17 个，5 万立方米原油储罐 3 个。着火罐为一期的 103 号原油罐，储量为 10 万立方米。着火罐组共有 6 个原油罐，每个均为 10 万立方米。着火单位西北侧为储油公司 140 万立方米原油储罐区，每个罐储量 10 万立方米；东侧为大连港罐区，总储量为 132.45 万立方米，罐区总体分为两部分，其中南侧为原油罐区总储量 120 万立方米，包括 12 个 10 万立方米的罐；北侧为化学危险品区共 12.45 万立方米，大小储罐共 51 个，有甲苯、二甲苯等易燃易爆有毒化工原料。起火单位北侧为即将建成并投入使用的国储油公司 300 万立方米的原油罐，每个罐为 10 万立方米；南侧为在建 LNG 接收站和居民区、港区单位、办公用房及加油站等附属建筑。

二、火灾扑救情况

1. 力量调集情况

辽宁省大连市消防支队接到报警后，指挥中心迅速调集 37 个消防中队和 4 个企业专职消防队的 128 辆消防车、700 余名消防员赶赴现场，并将灾情上报辽宁省消防总队。总队接报后，立即启动跨区域增援预案，迅速调集全省 13 个消防支队、14 个企业专职消防队的 220 辆消防车、1100 余名消防员前往增援，并将情况上报消防局和省委省政府。

2. 具体扑救过程

此次火灾扑救共分为五个阶段。

第一阶段：堵截火势，保护邻近罐体及周边设施。

爆炸事故发生后，开发区大队接到报警后，立即调动本大队 3 个中队和海港专职消防支队 4 个中队赶赴现场。第一批力量到场侦察发现，该油库罐区一条直径 900mm 原油管线已爆炸着火，临近的一条直径 700mm

原油管线烤爆，造成原油泄漏，形成近 $500\mathrm{m}^2$ 的地面流火，参战官兵立即采取冷却罐体、左右夹攻的战术措施利用大功率水罐泡沫车出 4 支泡沫管枪全力阻截流淌火向邻近的泵房、配电室和 106 号罐蔓延。根据报告情况，指挥中心立即启动重大灾害事故应急处置预案，调出全市消防部队及企事业专职消防队、相关社会联动力量到场扑救。

第二阶段：围堵控制火势，持续冷却着火和邻近罐体。

18 时 45 分，大连支队全勤指挥部到达现场，随后本地增援力量先后到场，成立了现场指挥部。根据灾情指挥确定了"全力扑救流淌火、积极冷却 103 号罐，确保毗邻罐区安全"的作战原则，派出灭火攻坚组与到场单位技术人员深入罐区关闭泄漏主管线阀门，组织部队官兵全力扑救地面流淌火，加强对油罐和周边设施的冷却保护。

由于火势发展迅猛，致使罐区内停水停电，难以实施关阀断料和固定装置灭火等工艺措施灭火，同时 103 号罐管道受高温烘烤时间过长，发生爆裂，造成火势进一步扩大，流淌火已扩散至海面，威胁着整个码头和船舶的安全。面对现场严峻灾情态势，支队指挥部果断调整战术措施，按照穿插分割、分片围歼的战术措施，命令 700 余名参战官兵分成四个作战区域，支队党委成员分区负责，全力消灭流淌火势，为冷却灭火扫清障碍。各战区利用车载泡沫炮和移动泡沫炮设置多个阵地堵截消灭流淌火，同时利用水泥、沙土构筑围堤填埋，防止火势四处流淌；利用大功率车载水炮，对着火罐实施远距离冷却，在受威胁的邻近罐周围设置移动水炮、水枪阵地对其进行冷却抑爆；利用移动水炮对着火管线的火势进行压制，并调集混凝土和沙石，对管线的破损处进行封堵。

第三阶段：调整力量部署，分段组织实施冷却灭火。

鉴于现场情况，大连支队果断向省消防总队指挥中心报告，请求跨区域增援。总队立即成立后方指挥部，指挥部根据领导指示及现场反馈信息，科学研判，指挥中心立即调派位于大连周边地区的鞍山、营口、盘锦、沈阳、辽阳等 9 个消防支队和辽油、辽化等 4 个企业专职消防队共计 118 台消防车、560 余名官兵火速增援，并根据领导指示和油类火灾形势极易突变的特点，提前预判，命令全省各市消防支队、企事业专职消防队做好第二批跨区域增援准备。迅速向公安部消防局、省公安厅报告情况，成立火场总指挥部和前沿指挥部，根据现场情况、前期力量部署和第一批增援力量情况，对现场的参战力量进行了重新部署，将火场划分了东、西、北三个战斗段，为每个战斗段指派一名总队领导和灭火专家具体负责组织指挥该区域的灭火战斗行动，同时根据前方需要，调动第二批集结的 102 台消防车、550 余名消防官兵驰援大连，并对增援力量实施不间断跟踪，为前方作战决策提供第一手信息。按照"确保重点、兼顾一般"的战术原则，在北侧战斗段，为确保原油储罐区及危化品储罐区安全，万无一失，组织7个支队和部分专职队利用泡沫枪全力消灭正在蔓延的地面流淌火，利用泡沫炮、水炮、水枪强力控制管道大火，确保邻近化工储藏库和重要场所安全。在火场西侧战斗段的103号着火罐周围，命令大连、沈阳、鞍山、抚顺等7个消防支队和大连石化专职消防队利用车载水炮、移动水炮、水枪对其进行不间断冷却，利用车载泡沫炮适时进行灭火。在东侧战斗段，组织本区域参战力量重点对T40，T42，T43三个受火势威胁严重的原油罐进行不间断冷却，阻截消灭该段的地面流淌火，并对起火管线火势进行压制。

第四阶段：备足攻坚力量，发起总攻灭火。

在堵截消灭流火和管道火、冷却保护着火罐和邻近罐体、全力控制灾情的基础上，指挥部积极调集各方力量，备足灭火剂，确保灭火用水充足，为全面发起总攻做好充分准备。总队后方指挥部协调沈阳空军调拨专机分四次向现场运送泡沫38t，采用公路运输方式调集全省消防部队及企事业专职消防队泡沫灭火剂147t，并在此基础上提请部消防局调集天津、河北、吉林等省市137t泡沫灭火剂送往现场。根据现场泡沫灭火剂需求不断加大的现实情况，后方指挥部提前协调沈阳消防器材厂、大连泡沫厂等厂家紧急开工生产，最大限度地保证了泡沫灭火药剂的供应。

17日8时20分，开始总攻。9时55分，大火被基本扑灭。

第五阶段：清理后期残火，继续冷却、备勤，防止复燃。

为防止管线和油罐发生复燃复爆，现场指挥部命令继续调集泡沫灭火剂，加强火场的冷却保护，请示公安部消防局从黑龙江采取空运方式调集160t泡沫灭火剂。各参战力量发扬不畏艰苦、连续奋战的顽强作风，坚守现场，清除残火，对灼热的罐体表面不断加大冷却强度，防止爆炸，并适时向液面喷射泡沫，确保油品温度降至常温以下，防止复燃；利用水枪射流降低起火管道表面温度，防止发生复燃。为继续巩固灭火工作取得的成果，协调通过海运、空运方式，调集山东和黑龙江等地泡沫灭火剂210t，确保赢得灭火救援的最终胜利。

三、成功经验

1. 调集力量及时，实施跨区域作战，是火灾成功扑救的重要基础

火灾发生后，大连市消防指挥中心第一时间启动重大灾害事故应急处置预案，一次性调集全市128台消防车、700余名官兵赶赴现场实施扑救。省公安厅和省消防总队第一时间启动跨区域增援预案，调集全省

13个支队和14个企业队220台消防车、1100余人陆续增援现场，在最短时间内实施跨区域作战，确立了火场集团作战优势，确保了火场力量充足。

2. 技战术运用合理，集中优势兵力于火场主要方面，是火灾成功扑救的重要前提

事故发生后，火场指挥部坚持"先控制、后消灭"的战术原则，各级指挥员严格贯彻指挥部决策，分兵把口，身先士卒，采取内外结合、穿插分割、堵截包围、关阀断料等战术措施，集中优势兵力于火场主要方面，划分战区实行科学灭火，牢牢把握灭火主动权。

3. 社会联动快捷，实施海陆空立体化作战补给，是火灾成功扑救的重要保障

这次火灾参战力量多、调集车辆多、保障难度大，公安、交警、城建、医疗等社会联动单位第一时间到达现场协同作战，金州新区管委会全力做好后勤保障工作。大连消防支队迅速启动远程供水模块，抽用海水为前方实施24h不间断供水，省消防总队通过陆域调集全省作战物资，并提请公安部消防局调集天津、河北、吉林、黑龙江等地400余吨泡沫送往现场，确保火场作战、生活物资充足，辽宁省政府、省公安厅协调沈阳空军空运现场急需灭火药剂和安监、化工、灭火等专家，及时为救援行动提供物资和技术支持，为实施灭火救援创造了有利条件。

四、存在的问题

1. 跨地区火灾现场力量调集与火场组织体系仍需完善，指挥效能有待提高

随着特大型火灾的频繁发生，仅靠辖区执勤力量已难以单独完成大型灾害事故处置任务，迫切需要实施跨地区协同作战，共同完成灭火救援工作。跨地区灭火救援将成为消防部队处置重特大火灾及其他灾害事故的一种重要形式。从本次火灾的情况看，力量调集数量巨大，但有很多车辆并未投入作战，甚至造成交通拥堵，既造成浪费，又不利于作战行动，战斗编成也比较混乱，从灭火救援现场的指挥体系来看，运转较为混乱，不同地区、不同部门的灭火救援力量协同作战水平相对较低，火场指挥的效能还需要进一步提高。

2. 火场供水、火场通信问题依然没有解决，是困扰大型火场灭火救援效能的瓶颈

由于火场需水量较大，远距离火场供水问题非常突出，这个问题还没有很好地解决。另外，火灾现场的噪声很大，灭火力量分布面积较大，火场通信问题也非常突出，指挥部、指挥员的命令很难畅通无阻地下达到各

救援力量，各救援力量之间也难以协调，这些因素成为制约灭火救援效能进一步提高的瓶颈。

3. 有些消防员个人安全防护意识淡薄，不按规定采取安全防护措施，存在安全隐患

从灭火现场情况看，灭火救援人员长时间作战，部分消防人员没有空气呼吸器，也没佩戴简易的呼吸器，吸入了大量的有毒气体；水上作战人员，在长时间作战后，思想松懈，不系安全绳进行涉水作业。给个人安全埋下隐患，易发生伤亡事故。

4. 个人防护装备设计制作不够人性化，需要进一步完善

在这次灭火救援过程中，由于消防员连续作战时间较长，作战服较重，并且裆部较窄，导致多数战斗员两大腿根部被磨破，影响战斗力持续时间。另外，战斗靴底部较硬，长时间在水泥地上来回运动，造成脚底部磨破，影响作战水平的发挥。

5. 消防部队战勤保障工作还不能满足特大型火灾扑灭需要

从这次作战情况来看，无论是泡沫量的储备，还是全体作战员用餐、休整、疗伤，都不能满足大型火场的实际需要，战勤保障大队的分布与物资储备也不尽合理，这都是以后战勤保障要考虑解决的问题。

案例 5 内蒙古伊泰煤制油有限责任公司"4·8"油罐区火灾

2009 年 4 月 8 日 4 时 30 分，内蒙古鄂尔多斯市伊泰煤制油有限责任公司中间罐区 4 号重质蜡罐发生爆燃，罐底炸裂，导致大量的重质蜡泄漏，造成大面积流淌火，使轻质油 1A、1B、1C 罐相继起火燃烧。内蒙古消防总队迅速调集力量，全力组织扑救，经全体参战官兵近 12h 艰苦奋战，成功将大火扑灭，避免了爆炸事故，此次火灾过火面积 1400m²，烧毁油罐 4 个，直接财产损失 464.71 万元，保住了罐区 8 个储罐及毗邻的生产装置，保护财产价值约 35 亿元，无人员伤亡。

一、基本情况

1. 单位基本情况

内蒙古伊泰煤制油有限责任公司位于鄂尔多斯市准格尔旗大路新区，厂区占地 710 亩，公司现有员工 733 人，距准格尔旗政府所在地 2km。一期工程生产规模为 16 万 t/a，投资约 35 亿元，2006 年 5 月开工，2009 年 3 月 20 日开始试生产。该项目工艺流程主要是以煤气化产生的合成气为原料，利用催化剂作用将合成气转化为合成油品，主要产品有柴油、石脑

油及液化石油气。

2. 着火的中间罐区概况

中间油罐区主要是储存轻质馏分油、重质馏分油、重质蜡、合成水。罐区共有储罐 12 个，其中 1A、1B、1C 为 300m³ 的内浮顶储罐（直径为 6.5m，高度 9m），1A 罐储存轻质油 152.23m³（事故前液位 4.59m，事故后液位 2.1m），1B 罐储存轻质油 200.66m³（事故前液位 6.05m，事故后液位 5m），1C 为空罐。2、3、4、5 号罐为 500m³ 的储罐（直径为 8m，高度 10.4m，2 号罐为内浮顶储罐，3、4、5 号罐为拱顶罐），2 号罐储存轻质污油 80.38m³，3 号罐为空罐，4 号罐储存重质污油 52.88m³、重质蜡油 72.12m³，5 号罐储存合成水 376m³。6、7 号罐为 800m³ 的拱顶储罐（直径为 10m，高度 11m），6 号罐储存重质蜡 621.723m³，7 号罐储存重质油 109.9m³，8、9、10 号罐为 100m³ 储罐，8 号罐储存不合格柴油 716.02m³，9 号罐储存不合格石脑油 54.94m³，10 号罐储存重柴油 109.87m³。

3. 中间罐区周边情况

中间罐区东临空地；南临油品加氢单元设备，距离罐区 23m；西临合成油单元设备，距离罐区 15m；北临油品脱炭单元设备，距离罐区 22m，罐与罐之间横向间距为 3m，纵向间距为 4m，防护堤东西长 22.4m，南北长 86m。

4. 厂区消防力量情况

（1）厂区内消防设施

① 稳高压消防水系统。厂区内独立设置稳高压消防水系统，管网呈环状布置，管网压力为 0.8～0.9MPa，有地上消火栓 97 个，消防水炮 43 门，供水量为 300L/s。

② 生产消防水系统。主要供给厂区内生产用水及室内外低压消防用水，管网呈支状分布，有 29 个低压消火栓，管网工作压力 0.3～0.4MPa，设生产水泵 3 台，供水量为 125L/s。

③ 蓄水池。场内有 7600m³ 的蓄水池 1 个，设消防水泵 3 台，稳压泵 2 台，可连续供水 6h。用水时可利用黄河水源不间断向水池内供水。

④ 灭火器。装置区设置手提式、推车式干粉及二氧化碳灭火器 800 多个。

（2）起火区内消防设施情况

中间罐区周围共有地上消火栓 12 个，固定消防水炮 1 门，在罐区的油罐安装有半固定式泡沫灭火系统。

5. 起火经过

2009 年 4 月 8 日 0 时 15 分，夜班班长曹锋在监控室发现中间罐区 4 号罐液位出现突然升高的异常现象，于是赶到 4 号罐处，发现罐体底部出现向下弧状凸起，北侧底部发生泄漏，蒸汽加热装置入口阀处于关闭状态，通知发油车间停止向 4 号罐送油，同时关闭了 4 号罐的进油阀门。

1 时左右开始通过中间罐区泵房的重质污油泵，向 6 号重质蜡油罐倒油。

3 时多，泵已无法将 4 号罐内的蜡油继续向 6 号罐倒油，于是操作工曹锋和杨琼智开始关闭界区阀和倒油泵。

4 时 15 分，在场工作人员听到一声闷响，发现 4 号罐底部周围起火，火势沿着蜡液流淌的方向，迅速向 1A 罐蔓延，先后引燃了 1A、1B、1C 罐三个轻质油罐，火势迅速扩大。

6. 天气情况

当日天气晴，风向西南风，风力 1～2 级，温度 7～17℃。

二、战斗经过

1. 第一阶段：首战力量到场，控制火势蔓延

4 时 30 分，火灾发生后，正在现场执勤的准格尔旗中队共 4 辆消防车 12 名消防官兵，立即赶到事故现场。1A、1B、1C 和 4 号罐已全部起火，防护堤内形成了大面积流淌火，北侧 6 个油罐被流淌火包围。中队迅速成立侦察小组，经侦察，燃烧的物质为轻质油、石蜡等物质，燃烧时产生了大量的浓烟，无人员被困，火势较大，现场热辐射较高。

5 时 05 分，准格尔旗消防大队增援力量到场。侦检组检测现场气体浓度，监视罐体变化；灭火战斗组选择有利地形，设置水枪阵地扑灭地面流淌火，冷却保护邻近罐，阻止火势蔓延。

5 时 12 分，旗委、旗政府领导，公安、120、供水、供电、环卫、安监等社会相关单位相继到场。

6 时 30 分左右，神华准格尔能源公司专职队 5 辆消防车 32 名指战员；呼和浩特市托县消防大队 4 辆消防车 36 名指战员；准能发电厂企业专职队 2 辆泡沫车 17 名指战员；沙圪堵政府消防队 2 辆消防车 10 名指战员相继到场增援。

根据属地指挥的原则，准旗大队指挥员对到场力量进行了部署。神华准格尔能源公司专职队负责对 1A、1B 罐进行冷却，并扑灭 4 号罐附近的流淌火；呼和浩特市托县消防大队负责供水；准能发电厂企业专职队负责对 1B 罐和 4 号罐进行冷却；沙圪堵政府专职队负责对 1A 罐进行冷却；

准旗大队分成四个战斗小组，扑灭 1A 罐附近流淌火和 1A、4、5、6 号罐的冷却任务。

2. 第二阶段：跨区域联合作战，灵活运用冷却、防爆措施，进行科学处置

6 时 40 分，总队全勤指挥部陆续到达现场，成立了火场总指挥部，下设 7 个小组。各组根据各自任务分工，立即展开战斗。此时火势已处于猛烈燃烧阶段。

7 时 24 分，呼和浩特支队带领增援力量：1 辆干粉泡沫联用车、4 辆水罐车、1 辆防化洗消车、2 辆泡沫车、75 名指战员，相继到达现场。指挥部对力量进行调整部署。

罐区东侧：呼和浩特市托县大队一、二中队负责冷却 4、5 号罐。

罐区南侧：呼市特勤二中队干粉泡沫联用车在罐区南侧设置阵地，利用消火栓供水，出 1 支泡沫枪堵截向 6 号罐蔓延的流淌火，利用水罐车出 1 门自摆炮冷却 7 号罐，出 1 支直流水枪冷却 6 号罐。呼和浩特市四中队将车辆停于罐区南侧设置阵地，利用消火栓供水，出 1 支泡沫枪扑救流淌火，防止向东南侧蔓延。呼市二中队水罐车停于罐区南侧出 1 支直流水枪冷却 1B 罐，呼市三中队水罐车利用消火栓为二中队供水。

罐区西北侧：呼市特勤一中队 2 辆车停于罐区西北侧，出 1 支泡沫枪扑救 1B 罐北侧地面流淌火，防止向东蔓延。水罐车出 1 支直流水枪冷却 1B 罐，同时掩护本中队泡沫枪阵地。

准格尔旗大队负责 1A、4、5 号罐冷却和扑灭流淌火。

9 时 06 分，1 辆通信指挥车、1 辆高喷车、2 辆泡沫运输车（20t 泡沫）、20 名指战员、呼市炼油厂专职队 2 辆大吨位泡沫车、15 名专职队员到达现场。

9 时 45 分，鄂尔多斯消防支队带领 2 辆消防车、1 辆泡沫运输车（10t 泡沫），15 名指战员相继到场。指挥部命令鄂尔多斯支队协调社会相关职能部门，调集大功率的挖掘机、推土机、铲车到场，并组织工人搬运沙袋，开辟隔离带。

9 时 50 分，观察哨发现，火场情况发生变化，轻质油罐 1A、1B 发出刺耳的呼啸声，罐体出现抖动，罐区很有可能发生大规模的爆炸。观察哨立即发出撤退信号，所有参战人员、厂区技术人员和车辆装备立即撤离到厂区外的安全区域，10min 之后，罐区传来巨大闷响。

10 时 20 分，指挥部命令侦察小组进入现场进行侦察。经侦察发现：是轻质油罐发生轰燃，撤退之前留下的水带、水枪被刚才轰燃喷溅出的油火烧毁，现场火势逐渐形成稳定燃烧。随后，指挥部命令全体人员回到各

自阵地，继续组织进攻。

10 时 34 分，包头支队带领 3 辆泡沫车、1 辆高喷车、2 辆泡沫运输车（20t 泡沫）、1 辆饮食保障车，48 名指战员相继到场。

指挥部要求通过对泄漏燃烧罐体火势进行长时间控制而非彻底扑灭，使泄漏的可燃物充分燃烧，并对邻近罐体进行冷却，使罐区形成稳定燃烧，从而逐步消灭大火。

10 时 55 分，当地政府调集的 4 台挖掘机、推土机赶到现场，指挥部果断决定在 1A 罐与 1B 罐之间开辟隔离带，并对泄漏的管道阀门进行埋压堵漏为防止地面流淌火蔓延，指挥部决定在防护堤外围挖一个排污坑，采取在防护堤底部打孔导流和利用手抬机动泵抽取的方法，将防护堤内的油、水、泡沫混合液排到排污坑内，将火势牢牢控制在指定的区域内使其形成稳定燃烧。

12 时 30 分，神华鄂尔多斯煤制油专职队 2 辆泡沫车、1 辆高喷车、21 名指战员，神东专职队 1 辆泡沫车、1 辆水罐车、12 名指战员相继到达现场，指挥部命令其原地待命，根据火场变化做好战斗准备。

3. 第三阶段：发起总攻，集中兵力打歼灭战

15 时 30 分，指挥部按照"集中兵力打歼灭战"的指导思想，立即调整力量发起总攻。呼市支队集中主要力量扑救 1B 罐火势，包头支队扑救 1A 罐火势，鄂尔多斯支队北侧扑灭流淌火，防止火势蔓延。各专职队对外围罐进行冷却，推土机、铲车等继续开辟隔离带，用沙土埋压泄漏点，继续用手抬机动泵抽取等方式，导流防护堤内油、水、泡沫混合液，继续用泡沫对防护堤内和排污坑内的液体进行覆盖，并对现场进行监护。

16 时，大火终于被扑灭。

4. 第四阶段：冷却保护，防止复燃

大火被扑灭后，指挥部命令现场所有水枪和泡沫枪继续对所有罐体进行冷却，防止复燃。17 时 30 分，通过实时监测，火场温度逐渐降低，鄂尔多斯支队保留 4 辆消防车、24 名指战员，包头支队保留 2 辆消防车、12 名指战员，呼市支队保留 2 辆消防车、10 名指战员继续对火场进行不间断冷却和现场监护，防止复燃和发生其他突发事故。其余参战力量经过简单的洗消后，安全撤离归队。

三、成功经验

1. 救援体系及装备建设发挥了主导作用

内蒙古消防总队针对全区迅猛发展的化工企业，积极协调自治区安监局，以自治区政府名义下发了《关于建立健全危险化学品监管和应急救援体系的意见》，拟用三年时间在全区建立完善的应急救援指挥体系、队伍

体系、预案体系、评价体系、保障体系，自治区、盟市两级政府共配套投入 1.5 亿元，全部用于装备采购与指挥平台的建设，大大提高了部队灭火救援能力。实战中，高喷车、A 类泡沫车、防化洗消车、抢险救援车、大吨位水罐车、后勤保障车等装备发挥了重要作用。

2. 快速反应，赢得了灭火救援行动的主动权

火灾发生后，各级消防部队快速反应，迅速启动灭火救援预案，一次性调集足够灭火救援力量，第一时间到场增援，掌握了作战行动的主动权。

3. 科学指挥、正确决策，抓住了灭火救援的有利战机

根据现场情况不断变化，指挥部及时调整力量部署，灵活运用了设置观察哨，侦察现场情况；分隔合围，分区域有重点地冷却罐体；开辟隔离带阻止火势蔓延；沙土埋压，对泄漏的管道进行堵漏；在防护堤打孔共 3 组 9 孔进行导流，防止流淌火蔓延等战术措施，有效地控制了火势，最终成功扑灭大火。

4. 不间断供水，调集足够的灭火药剂，是成功扑灭火灾的保证

厂区有一个 7600m³ 蓄水池，可提供消防水量 300L/s，能连续供水 6h，罐区周边共有 12 个消火栓。灭火中，指挥部及时启动了消防泵，从而及时保证了整个火场的用水量。此次火灾发生后，总队第一时间调集了泡沫灭火剂 50 余吨，加之车载泡沫剂 65t，现场共有泡沫近 120t，保证了灭火剂充足。

5. 协同作战，是成功扑灭火灾的必要条件

各方参战力量在火场指挥部的统一指挥下，各司其职，密切配合。企业专职消防队服从调遣指挥，积极配合现役消防部队作战，安监、供水、供电、医疗、环保等社会相关职能部门，各自认真履行职责，保证了灭火行动有序有效。调集的大型推土机、铲车、钻孔机等机械设备和厂方技术人员、职工等密切配合，在实战中发挥了重要作用。

6. 积极主动，统一对外宣传，掌握了话语权

火灾发生后，总队及时启动了应急宣传预案，并组织各主流媒体向社会发布新闻通稿，客观真实地反映火灾和消防部队灭火救援情况，第一时间正确引导舆论导向，掌握了话语权，控制了舆情，避免了因报道不实而产生的负面影响。

四、不足和思考

1. 不足

（1）扑救大型火场经验不足

官兵扑救油罐火灾的实战经验欠缺，极少数战士在火场上心理紧张，

造成手忙脚乱的现象。

（2）救援现场通信联络不够顺畅

现场通信中，总队全勤指挥部与支队的现场通信联络不够顺畅，在一定程度上影响了救援行动的开展。

2. 引发的思考

① 对天然气和煤化工火灾的研究，将是内蒙古消防部队今后相当长时间内的主攻课题。应做到提前介入，未雨绸缪，未亡羊亦补牢。

② 应加强对煤化工生产装置特点、生产工艺流程、危险要害部位、原料和产品的理化性质等的熟悉和掌握。

③ 通过各种渠道努力争取、增加消防投入，壮大队伍实力，提高消防装备的科技含量，向科学技术要战斗力。

④ 努力积累经验，为制（修）定《煤化工安全防火技术规范》提供实践依据。

参 考 文 献

[1] 李大东. 21世纪的炼油技术与催化 [J]. 石油学报（石油加工），2005（3）：17-24.

[2] 刘海燕，于宁，鲍晓军. 世界石油炼制技术现状及未来发展趋势 [J]. 过程工程学报，2007（1）：176-185.

[3] 熊春华，田高友，任连岭. 柴油理化性质与烃族组成关联 [J]. 石油学报（石油加工），2010（4）：551-555.

[4] 湛卢炳. 大型贮罐设计 [M]. 上海：上海科学技术出版社，1986.

[5] 徐至钧. 大型储罐的设计选型及国产化条件 [J]. 石油工程建设，1997（4）：16-19＋58-59.

[6] 潘家华. 圆柱形金属油罐设计 [M]. 北京：烃加工出版社，1986.

[7] 刘佩绅. 常压液体储罐工艺系统设计 [J]. 化工设计，1999（4）：22-25.

[8] 王跃祖. 大型磷酸贮罐底部结构的设计与优比 [J]. 化工设计，2002（2）：40-42.

[9] SH 3046—92.

[10] 湛卢炳. 大型贮罐设计的现状与进展（一）[J]. 化工设备设计，1998：30-36＋3.

[11] 张树民. 日本大型浮顶油罐设计要点 [J]. 油气储运，1996（6）：50-51＋62-7.

[12] 湛卢炳. 大型贮罐罐底结构形式与设计 [J]. 化工设备设计，1997（1）：8-12.

[13] 陈志. 降低油品蒸发损耗的措施 [J]. 油气储运，1999（4）：12-14.

[14] GB 50074—2002.

[15] 赵琨，孙焰. 油罐灭火 [J]. 消防技术与产品信息，2007（12）：79-81.

[16] 郭玉梅，窦占祥. 几类原油储存区域火灾事故案例分析 [J]. 水上消防，2011（6）：31-34.

[17] 谭家磊. 油品扬沸火灾重构与防治对策研究 [D]. 合肥：中国科学技术大学，2008.

[18] 潘仕祥，赵晓刚，周毅. 大型石油库储油罐雷击事故案例分析及预防措施 [J]. 中国储运，2012（6）：122-124.

[19] 蒋国辉，张晓明，闫春晖，等. 国内外储罐事故案例及储罐标准修改建议 [J] 油气储运，2013（6）：633-637.

[20] 公安部消防局. 中国火灾统计年鉴2003 [M]. 北京：中国人事出版社，2003.

[21] 公安部消防局. 中国消防年鉴2011 [M]. 北京：中国人事出版社，2011.

[22] 赵正宏，李天祥. 从一起油罐爆炸事故看油罐区动火作业的规范管理 [J]. 石油库与加油站，1999（6）：12-13.

[23] 张刚. 对一起柴油罐爆燃事故的调查与分析 [J]. 电气防爆，2003（4）：10-12.

[24] 朱建华. 油气泄漏及火灾爆炸事故频率 [J]. 水运科学研究所学报，2001（3）：69-73.

[25] 庞云全，马磊，毛勇忠. 内浮顶油罐火灾扑救的几点思考 [G]∥中国消防协会，山东省公安消防总队. 2011中国消防协会科学技术年会论文集. 北京：中国环境科学出版社，2011：7.

[26] 张元秀，王树立. 储油罐火灾的原因分析及控制技术 [J]. 工业安全与环保，2007（4）：20-21.

[27] 姚运涛，杜扬. 油罐火灾模式及火行为的研究 [J]. 天然气与石油，2000（3）：20-21.

[28] 陆朝荣. 油库安全事故案例剖析 [M]. 北京：中国石化出版社，2006.

[29] 商靠定. 灭火救援典型战例研究 [M]. 北京：中国人民公安大学出版社，2012.

[30] 丁懿斐，李福. 惊心动魄的高难度火灾大决战——上海公安消防总队扑救高桥炼油厂5000 m³ 油罐火灾纪实 [J]. 新安全：东方消防，2010（6）：12-15.

[31] 陶其刚，熊伟. 大连石油储备库爆炸火灾扑救的几点启示 [J]. 消防科学与技术，2011（1）：73-75.

[32] 杨晨艺，张达 . 浅析油罐拆迁施工现场火灾危险性及防火对策 [J]. 中国西部科技，2011（14）：61-62.

[33] 韩钧 . 大连 7·16 油库火灾事故教训及防范 [J]. 石油化工安全环保技术，2012（1）：1-6.

[34] 张智，魏捍东 . 从大连油库火灾谈大型油（气）罐库区火灾扑救 [J]. 消防科学与技术，2011（12）：1166-1169.

[35] 鲍尔吉·原野 . 最深的水是泪水——大连"7·16"大火扑救纪实（长篇纪实文学）[J]. 啄木鸟，2012（11）：4-46.

[36] 李良权，于涛 . 浅谈 $10 \times 10^4 m^3$ 浮顶油罐的消防系统设计 [J]. 石油化工安全环保技术，2008（4）：41-44.

[37] 李金华 . 大连"7·16"油罐区爆炸火灾事故处置引发的思考 [J]. 消防技术与产品信息，2010（12）：32-34.

[38] 刘永斌 . 炼油厂储罐火灾爆炸事故风险分析与防范 [J]. 炼油技术与工程，2011（10）：61-64.

[39] 郎需庆，刘全桢，宫宏 . 轻质油品储罐的灭火技术探讨 [J]. 消防技术与产品信息，2011（1）：30-33.

[40] 苑静 . 石油储罐火灾爆炸危害控制的研究应用 [D]. 天津：天津理工大学，2009.

[41] 张成学 . 大连 7·16 油罐区爆炸火灾事故成功处置的启示 [J]. 武警学院学报，2010（12）：32-34.

[42] 范继义 . 油罐 [M]. 北京：中国石化出版社，2007.

[43] 大庆油田有限责任公司消防支队 . SY/T 6306—2008 常压储罐的灭火处理 [S]. 石油工业安全专业标准化技术委员会 . 北京：石油工业出版社，2008.

[44] 任常兴 . 基于火灾场景的大型浮顶储罐区全过程风险防范体系研究 [J]. 中国安全生产科学技术，2014，10（1）：68-74.

[45] 刘旺亚，张清林，秘义行，等 . 大型石油储罐区火灾风险预测预警技术研究 [J]. 消防科学与技术，2012，31（2）：192-196.

[46] 张兴权，马恒，智会强 . "7·16"火灾的思考——探讨《石油库设计规范》存在的问题与修改[J]. 消防科学与技术，2010，29（9）：783-785.

[47] 傅伟庆，武铜柱，许莉 . 大型浮顶油罐技术发展 [J]. 化工设备与管道，2013，50（4）：1-5.

[48] PERSSON B，LONNERMARK A，PERSSON H，et al. FOAMSPEX-Large scale foam application-modelling of foam spread and extinguishment [R]. SP Swedish National Testing and Research Institute，2001：13.

[49] 李野 . 全液面油罐火的热辐射计算及扑救策略探讨 [J]. 消防科学与技术 2013，32（2）：127-129.

[50] KOSEKI H. Large scale pool fires：results of recent experiments [J]. Fire Safety Science，2000，6：115-132.

[51] 杨国梁 . 基于风险的大型原油储罐防火间距研究 [D]. 北京：中国矿业大学，2013.

[52] MAY W G，McQUEEN W. Radiation from large liquefied natural gas fires [J] Combustion Science Technology，1973，7：51-56.

[53] 包其富，吴珂，王海龙，等 . 油品储罐区风险评价技术研究 [J]. 中国安全生产科学技术，2010，6（5）：23-27.

[54] CPR 18E. Guidelines for quantitative risk assessment，Purple book [M]. DenHaag：Committee for the Prevention of Disasters，1999.

[55] 《石油库设计规范》编制组 . 《石油库设计规范》宣贯辅导教材 [M]. 北京：中国计划出版社，2003.

［56］ 韩钧 . 储油罐区重大火灾风险及防范措施［J］. 石油化工安全环保技术，2015，31（1）：1-4.

［57］ 任常兴 . 大型浮顶储罐区消防系统有效性分析［J］. 消防科学与技术，2014，33（1）：76-79.

［58］ 李思成，杜玉龙，张学魁，等 . 油罐火灾的统计分析［J］. 消防科学与技术，2004，23（2）：117-121.

［59］ 张清林，张网，任常兴 . 国内外石油储罐典型火灾案例剖析［M］. 天津：天津大学出版社，2014.

［60］ 张力 . 大型浮顶油罐灭火系统的研究［J］. 石油化工安全环保技术，2012，29（2）：1-5.

［61］ 姚运涛，杜扬 . 油罐火灾模式及火行为的研究［J］. 天然气与石油，2000，18（3）：20-21.

［62］ TNO. Guidelines for quantitative risk assessment（Purple Book，CPR 18E）［M］. The Hague，NL：Committee for the Prevention of Disasters，1999.

［63］ DAYCOCK J H，REW P J. Development of a method for the determination of onsite ignition probabilities［M］. Epsom：UK Health and Safety Executive，2004.

［64］ MOOSEMILLER M. Development of algorithms for predicting ignition probabilitiesand explosion frequencies［J］. Journal of Loss Prevention in the Process Indus-mnes，2011，24（3）：259-265.

［65］ HEALTH AND SAFETY EXECUTIVE. Canvey：an investigation of potential hazards from operations in the Canvey Island/Thurrock Area［R］. London：H. M. Stationery Off.，1978.

［66］ KOSEKI H，NATSUME Y，IWATA Y，et al. Large-scale boilover experiments using crude oil［J］. Fire Safety Joumal，2006，41（7）：529-5351.

［67］ DELVOSALLE C，FIEVEZ C，PIPART A，et al. ARAMIS project：A comprehensive methodology for the identification of reference accident scenarios in process industries［J］. Joumal of Hazardous Materials，2006，130（3）：200-219.

［68］ 杨玉胜 . 重大危险源土地使用安全规划方法研究［D］. 北京：中国矿业大学，2010.

［69］ MELCHERS R E. On the ALARP approach to risk management［J］. Reliability Engineering & System Safety，2001，71（2）：201-208.

［70］ HSE. The tolerability of risk from nuclear power stations［M］. London：Healthand Safety Executive，1992.

［71］ 郭瑞璜 . 用大容量泡沫炮扑灭油罐火灾的研究［J］. 消防技术与产品信息，2008（3）：58-63.

［72］ 赵琨，孙焰 . 油罐灭火［J］. 消防技术与产品信息，2007（12）：79-81.

［73］ 陈书耀 . 油库加油站风险辨识与管理［M］. 北京：中国石化出版社，2010.

［74］ 范继义 . 油库消防设施［M］. 北京：中国石化出版社，2007.

［75］ 李晋，任常兴，张网，等 . 大型浮顶油罐区火灾风险防范指南［M］. 天津：天津大学出版社，2016.

［76］ 徐英，杨一凡，朱萍，等 . 球罐和大型储罐［M］. 北京：化学工业出版社 .2005.

［77］ 姜连瑞 . 常见油气火灾事故灭火救援处置技术［M］. 北京：化学工业出版社 .2019.

［78］ 高登林，伍成林，钻采概论［M］. 北京：石油工业出版社，1997.

［79］ 孙玉叶，易燃易爆化学品泄漏火灾爆炸事故树分析［J］. 安全，2009（11）：5-8.

［80］ 张金山，王付强，程志明，等 . 瓦斯爆炸事故树分析［J］. 煤，2012（1）：53-55.

［81］ 中国石油天然气集团公司安全环保部 . 石油石化消防指战员［M］. 北京：石油工业出版社，2010.

［82］ 国家技术监督局，石油设施电气装置场所分类［Z］.1995.

［83］ 国家技术监督局 . 爆炸和火灾危险环境电力装置设计规范［Z］.1992.

［84］ 李玉柱，苑明顺 . 流体力学［M］. 北京：高等教育出版社，2008.

［85］ 王树乾，钟月华，唐怡然，等 . 危险化学品液池扩展研究概况［J］. 四川化工，2009，12（1）：

14-18.

[86]　刘佩铭．10 万立方米浮顶储罐设计的研究［D］. 大连：大连理工大学，2013.

[87]　葛晓霞，董希琳，郭其云，等．大型石油储罐消防设计研究［J］. 中国安全科学学报，2008，18
　　　　（9）：79-83.

[88]　宋文婷．十万方原油储罐的关键结构设计与分析［D］. 成都：西南石油大学，2015.

[89]　傅伟庆，武铜柱，许莉．大型浮顶油罐技术发展［J］，化工设备与管道，2013（4）：1-5.